JN100904

定期テスト **ズバリよくでる** 数学 | 1年 東京書籍

もくじ

取り外してお使いください 赤シート＋直前チェックBOOK,別冊解答

※全国の定期テストの標準的な出題範囲を示しています。学校の学習進度とあわない場合は、「あなたの学校の出題範囲」欄に出題範囲を書きこんでお使いください。

Step 1 基本チェック ● 1節 正負の数

⏱ 15分

教科書のたしかめ　[　]に入るものを答えよう!

❶ 符号のついた数　▶教 p.20-22　Step 2 ❶-❸

解答欄

☐(1)　0 ℃ より 6 ℃ 高い温度，0 ℃ より 2.5 ℃ 低い温度をそれぞれ
　　　 +，− の符号を使って表すと　[+6]℃, [−2.5]℃

(1) /

☐(2)　−5，−0.6，0，$+\dfrac{5}{2}$，+8 のなかで，正の整数は[+8]，
　　　 負の整数は[−5]

(2) /

☐(3)　300 円の収入を +300 円と表すことにすれば，
　　　 200 円の支出は[−200]円と表される。

(3) /

☐(4)　地点 A から東へ 50 m 移動することを +50 m と表すことにすれ
　　　 ば，−70 m は A から[西]へ 70 m 移動することを表している。

(4) /

☐(5)　ある中学校の 1 年生の人数は，去年は 147 人，今年は 140 人で
　　　 あった。去年の人数を基準にして，それより増えたことを正の数，
　　　 減ったことを負の数で表すと，今年の人数は[−7]人である。

(5) /

❷ 数の大小　▶教 p.23-25　Step 2 ❹-❻

☐(6)　下の数直線で，点 A，B に対応する数は　[−2]，[+4]

(6) /

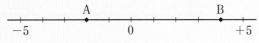

☐(7)　−4 と −1 の大小…数直線上で，−1 は −4 より右にあるから，
　　　 −1 のほうが大きい。このことを，−4 [<] −1 と表す。

(7)

☐(8)　0，+5，−3 の数の大小…[−3]<[0]<[+5]

(8) / /

☐(9)　+12 の絶対値は[12]，−9 の絶対値は[9]

(9) /

☐(10)　2 つの数 −5 と −4 の絶対値を比べると[−5]のほうが大きい。

(10) /

☐(11)　絶対値が 10 である数は，[+10]と[−10]である。

(11) /

教科書のまとめ　___ に入るものを答えよう!

☐ 正の符号は +，負の符号は − で表す。

☐ +2 や +7 のような数… 正の数 ，−5 や −6.5 のような数… 負の数

☐ 整数…正の整数(自然数)，0，負の整数

☐ 数の大小… 負の数 <0< 正の数

☐ 数直線上で，ある数に対応する点と原点との距離を，その数の 絶対値 という。
　　 正の数は，絶対値が大きいほど 大きい 。
　　 負の数は，絶対値が大きいほど 小さい 。

Step 2 予想問題 ： **1節 正負の数**

1ページ
30分

1章

【正負の符号】

❶ 0℃ より 10℃ 低い温度を，＋，－ の符号を使って表しなさい。

(　　　　　)

【数の世界】

❷ 次の数のなかで，下の(1)，(2)にあてはまる数を答えなさい。

$$-1,\ 0,\ +2.8,\ -0.3,\ +4,\ -3$$

(1) 自然数 (2) 負の整数

(　　　　　) (　　　　　)

【符号のついた数】

❸ 次の量を，正の数，負の数を使って表しなさい。

(1) 400円の利益を ＋400円と表すとき，500円の損失

(　　　　　)

(2) 平均点が78点の数学のテストで72点を －6点と表すとき，82点の得点

(　　　　　)

【数直線】

❹ 下の数直線で，点 A，B，C に対応する数を答えなさい。

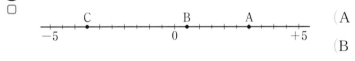

(A　　　　)
(B　　　　)
(C　　　　)

【数の大小】

❺ 次の各組の数の大小を，不等号を使って表しなさい。

(1) －15，－7 (2) －5，＋4，－2

(　　　　　) (　　　　　)

【絶対値】

❻ 次の数のなかで，絶対値が等しいものはどれとどれですか。

$$-9,\ +\frac{3}{5},\ 0,\ -0.6,\ -2,\ +\frac{2}{5},\ +9$$

(　　　　　)

ヒント

❶ 0℃より低い温度は －，高い温度は ＋ を使って表す。

❷ 自然数は，正の整数のことである。

ミスに注意
負の整数と負の数のちがいに注意。

❸ 反対の性質をもつ量は，正の数，負の数を使って表すことができる。

❹ 0よりも右側に正の数，左側に負の数が対応している。

❺ 数直線上で，右にある数ほど大きく，左にある数ほど小さい。

❻ 数直線上で，ある数に対応する点と原点との距離を考える。

Step 1 基本チェック ： 2節 加法と減法

🕐 15分

教科書のたしかめ [ ]に入るものを答えよう！

❶ 加法 ▶ 教 p.28-31　Step 2 ❶-❹

解答欄

☐ (1) $(+2)+(+3)=+([\ 2+3\ ])=[\ +5\ ]$

(1) ╱

☐ (2) $(-6)+(-3)=-([\ 6+3\ ])=[\ -9\ ]$

(2) ╱

☐ (3) $(-9)+(+9)=[\ 0\ ]$

(3) ╱

☐ (4) $(+8)+(-5)=+([\ 8-5\ ])=[\ +3\ ]$

(4) ╱

☐ (5) $(-4)+(+1)=-([\ 4-1\ ])=[\ -3\ ]$

(5) ╱

☐ (6) $(-0.5)+(-1.7)=-([\ 0.5+1.7\ ])=[\ -2.2\ ]$

(6) ╱

☐ (7) $(+4)+(-2)=(-2)+([\ +4\ ])$

(7) ╱

☐ (8) $\{(-7)+(+2)\}+(+8)=(-7)+\{([\ +2\ ])+(+8)\}$

(8) ╱

❷ 減法 ▶ 教 p.32-34　Step 2 ❺❻

☐ (9) $(+4)-(+6)=(+4)+([\ -6\ ])=[\ -2\ ]$

(9) ╱

☐ (10) $(+2)-(-4)=(+2)+([\ +4\ ])=[\ +6\ ]$

(10) ╱

☐ (11) $(-7)-(+3)=(-7)+([\ -3\ ])=[\ -10\ ]$

(11) ╱

☐ (12) $(-6)-(-5)=(-6)+([\ +5\ ])=[\ -1\ ]$

(12) ╱

☐ (13) $0-(+8)=0+([\ -8\ ])=[\ -8\ ]$

(13) ╱

☐ (14) $(-9)-0=[\ -9\ ]$

(14) ╱

❸ 加法と減法の混じった計算 ▶ 教 p.35-37　Step 2 ❼-❾

☐ (15) $-7+10-8$ の式の項は，$[\ -7,\ +10,\ -8\ ]$ である。

(15) ╱

☐ (16) $(+2)+(-7)+(-3)$ を，項を書き並べた式になおすと，

(16) ╱

$[\ 2-7-3\ ]$ となる。

☐ (17) $-3+5-4+8=5+8-3-4=13-[\ 7\ ]=[\ 6\ ]$

(17) ╱

教科書のまとめ ＿＿＿ に入るものを答えよう！

☐ たし算のことを 加法 ともいい，その結果が 和 である。

☐ 同符号の 2 つの数の和…絶対値の和に 共通 の符号をつける。

☐ 異符号の 2 つの数の和…絶対値の大きいほうから小さいほうをひき，絶対値の 大きい ほうの符号をつける。

絶対値が等しければ，和は 0 である。

☐ $a+b=b+a$ …加法の 交換法則　　$(a+b)+c=a+(b+c)$ …加法の 結合法則

☐ ひき算のことを 減法 ともいい，その結果が 差 である。

☐ $3-8+9$ は，3 つの数 $+3$，-8，$+9$ の和を表す。これらの数を，$3-8+9$ の式の 項 という。

Step 2 予想問題 ： 2節 加法と減法

1ページ
30分

よく出る

【加法①】

❶ 次の計算をしなさい。

□(1) $(+4)+(+8)$ □(2) $(-8)+(-3)$

□(3) $(-10)+(-9)$ □(4) $\left(-\dfrac{2}{7}\right)+\left(-\dfrac{4}{7}\right)$

【加法②】

❷ 次の計算をしなさい。

□(1) $(+2)+(-2)$ □(2) $(-26)+(+26)$

□(3) $(-8)+0$ □(4) $0+(-17)$

【加法③】

❸ 次の計算をしなさい。

□(1) $(-5)+(+3)$ □(2) $(+12)+(-10)$

□(3) $(+3.6)+(-6.4)$ □(4) $\left(+\dfrac{1}{3}\right)+\left(-\dfrac{3}{8}\right)$

【加法④】

❹ 次の $\boxed{}$ にあてはまる数を求めなさい。

□(1) $(+9)+(-7)=(\boxed{})+(+9)$

$()$

□(2) $(-6)+(-13)+(+13)=(-6)+\boxed{}$

$()$

ヒント

❶
同符号の2つの数の和は，絶対値の和に，共通の符号をつける。

❷
(1)(2)絶対値の等しい異符号の2つの数の和は，0である。

❸
異符号の2つの数の和は，絶対値の差に，絶対値の大きいほうの符号をつける。

❹
(1)加法の交換法則を使う。
(2)加法の結合法則を使う。

【減法①】

❺ 次の計算をしなさい。

□(1) $(-5)-(-2)$

□(2) $(+7)-(+12)$

□(3) $(+7)-(-3)$

□(4) $(-3)-(+8)$

【減法②】

❻ 次の計算をしなさい。

□(1) $(+1.2)-(-3.6)$

□(2) $(-2.4)-(-2.4)$

□(3) $\left(+\dfrac{1}{5}\right)-\left(+\dfrac{4}{5}\right)$

□(4) $\left(-\dfrac{5}{12}\right)-\left(+\dfrac{7}{9}\right)$

【加法と減法の混じった計算①】

❼ 次の式の項をすべて答えなさい。

□(1) $-8+13-4$

□(2) $15-6-7+5$

(　　　　　　　　)　　　　　(　　　　　　　　)

【加法と減法の混じった計算②】

❽ 次の式を，項だけを書き並べた式に表しなさい。

□(1) $(-6)+(-3)+(+5)$

□(2) $(-7)-(-3)+9$

(　　　　　　　　)　　　　　(　　　　　　　　)

【加法と減法の混じった計算③】

❾ 次の計算をしなさい。

□(1) $(-9)+(+12)-(-3)$

□(2) $17-28+12-37$

□(3) $\left(+\dfrac{3}{7}\right)+\left(-\dfrac{1}{7}\right)-\left(+\dfrac{4}{7}\right)$

□(4) $-\dfrac{2}{3}-\left(-\dfrac{5}{6}\right)-\dfrac{1}{2}$

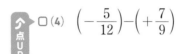

ヒント

❺

減法は，加法になおしてから計算する。
ひく数の符号を変えて加える。

❻

テスト得ダネ

分数の減法は，
①加法になおす
②通分する
の2つのポイントがあるので，ここで得点の差がつきやすいよ。十分に練習しよう。

❼

加法だけの式になおして考える。

❽

(1)かっこと加法の記号 ＋ をはぶく。
(2)まず，加法だけの式になおし，かっこと加法の記号 ＋ をはぶく。

❾

まず，符号に注意して，かっこをはずす。
次に，正の数，負の数どうしをまとめて，計算する。

6

Step 1 基本チェック

3節 乗法と除法
4節 正負の数の利用

⏱ 15分

教科書のたしかめ　[　]に入るものを答えよう!

3節 ❶ 乗法　▶教 p.40-45　Step 2 ❶-❸

解答欄

☐ (1)　$(-5) \times (-3) = [\ 15\ ]$

☐ (2)　$(-5) \times (+3) = [\ -15\ ]$

☐ (3)　$(-15) \times 9 \times (-4) = (-15) \times (-4) \times [\ 9\ ] = 60 \times 9 = [\ 540\ ]$

☐ (4)　$(-1) \times (-2) \times (-3) = [\ -6\ ]$

☐ (5)　$6 \times 6 \times 6 = [\ 6\ ]^3$

(1)

(2)

(3)

(4)

(5)

3節 ❷ 除法　▶教 p.46-49　Step 2 ❹-❻

☐ (6)　$(-18) \div (-2) = [\ 9\ ]$

☐ (7)　$(-18) \div (+2) = [\ -9\ ]$

☐ (8)　$\left(-\dfrac{8}{15}\right) \div \dfrac{4}{3} = \left(-\dfrac{8}{15}\right) \times \left[\ \dfrac{3}{4}\ \right] = -\left(\dfrac{8}{15} \times \dfrac{3}{4}\right) = \left[\ -\dfrac{2}{5}\ \right]$

(6)

(7)

(8)

3節 ❸ 四則の混じった計算　▶教 p.50-51　Step 2 ❼

☐ (9)　$20 \div (-6+4)^2 - (-3) = 20 \div (-2)^2 - (-3)$
$= 20 \div [\ 4\ ] + [\ 3\ ] = [\ 8\ ]$

(9)

3節 ❹ 数の範囲と四則　▶教 p.52-53　Step 2 ❽

☐ (10)　自然数の集合では，加法，[乗法]がいつでもできる。
自然数の集合から整数の集合にひろげると[減法]が，数全体の
集合までひろげると[除法]が，いつでもできるようになる。

(10)

4節 ❶ 正負の数の利用　▶教 p.55-57　Step 2 ❾

☐ (11)　右の表は A，B，C，D の4人の身長を 150 cm
を基準にして，それより高い場合を正の数，
低い場合を負の数で表したものである。この
とき，4人の身長の平均は[152]cm である。

A	B	C	D
-4	$+6$	-2	$+8$

(11)

教科書のまとめ　＿＿＿に入るものを答えよう!

☐ 積の符号…負の数が奇数個あれば ― ，負の数が偶数個あれば ＋

☐ 同じ数をいくつかかけたもの…その数の 累乗 ，右かたに小さく書いた数… 指数

☐ 除法…わる数の 逆数 をかける。

☐ 四則の混じった計算… 累乗 → かっこの中 → 乗除 → 加減 の順番で計算する。

☐ 正負の数の利用…ある数を基準にして，それより大きい場合を 正の数 ，小さい場合を
負の数 で表し，考えを進めていく。

Step 2 予想問題

3節 乗法と除法
4節 正負の数の利用

1ページ
30分

【乗法①】

❶ 次の計算をしなさい。

□(1)　$(-4) \times (-6)$

□(2)　$(+7) \times (-5)$

□(3)　$(-3.2) \times (+0.8)$

□(4)　$\left(-\dfrac{9}{2}\right) \times \left(-\dfrac{2}{3}\right)$

【乗法②】

❷ 次の計算をしなさい。

□(1)　$25 \times (-7) \times (-4)$

□(2)　$(-6) \times 2 \times (-3) \times (-5)$

□(3)　$1.6 \times (-2.1) \times 5$

□(4)　$\left(-\dfrac{1}{4}\right) \times (-12) \times \left(-\dfrac{5}{6}\right)$

【乗法③】

❸ 次の計算をしなさい。

□(1)　-2^2

□(2)　$(-5)^2$

□(3)　$\left(-\dfrac{2}{3}\right)^2$

□(4)　$(-4)^2 \times (-3^2)$

【除法①】

❹ 次の計算をしなさい。

□(1)　$(+24) \div (+4)$

□(2)　$(-32) \div (-8)$

□(3)　$48 \div (-6)$

□(4)　$(-98) \div 7$

【除法②】

❺ 次の計算をしなさい。

□(1)　$\dfrac{3}{7} \div (-9)$

□(2)　$\left(-\dfrac{3}{8}\right) \div \left(-\dfrac{1}{4}\right)$

💡ヒント

❶

まず，積の符号を決定する。

同符号の積→ ＋

異符号の積→ －

❷

乗法では，交換法則，結合法則が成り立つ。数の順序や組み合わせを変えて，くふうして計算する。いくつかの数の積の符号は，

負の数が奇数個→ －

負の数が偶数個→ ＋

❸

❌｜ミスに注意

$-4^2 = -(4 \times 4)$
$\qquad = -16$
$(-4)^2$
$= (-4) \times (-4)$
$= 16$

❹

まず，商の符号を決定する。

❺

わる数の逆数をかける。

❌｜ミスに注意

逆数は分子と分母を入れかえるだけだよ。符号は変えないようにしよう。

[解答 ▶ p.3]

【除法③】

❻ 次の計算をしなさい。

☐(1)　$35 \div (-7) \times (-15)$　　　☐(2)　$\left(-\dfrac{8}{35}\right) \div \dfrac{2}{7} \times \left(-\dfrac{5}{4}\right)$

【四則の混じった計算】

❼ 次の計算をしなさい。

☐(1)　$(-7) \times (-2) - (-3)$　　　☐(2)　$(-3) + 10 \div \left(-\dfrac{1}{2}\right)$

☐(3)　$-35 - 2^2 \times (-6)$　　　🔺点UP ☐(4)　$12 \times \left(\dfrac{1}{3} - \dfrac{1}{4}\right) + \left(-\dfrac{1}{2}\right)^3$

【数の範囲と四則】

❽ 次の問に答えなさい。

☐(1)　次の数は，右の図の⑦～⑦のどの部分に入り
　　　ますか。

　　　① -20　　② $\dfrac{1}{3}$　　③ 50　　④ -0.8

　　　①　　　　　②　　　　　③　　　　　④

☐(2)　次の⑦～⑨のうち，☐にどんな整数を入れても，計算の結果がい
　　　つでも整数になるのはどれですか。

　　　⑦　☐＋☐　　　④　☐－☐　　　⑨　☐×☐　　　⑨　☐÷☐

　　　　　　　　　　　　　　　　　　　　　　　（　　　　　　　　　）

【正負の数の利用】

❾ 下の表は生徒 A～E の体重について，C さんの体重の $39\,\mathrm{kg}$ を基準
　にして，それより重い場合は正の数，軽い場合は負の数で表したもの
　です。これについて，次の問に答えなさい。

生徒	A	B	C	D	E
基準とのちがい	-2	$+7$	0	$+11$	-4

（単位：kg）

☐(1)　B さんと E さんの体重をそれぞれ求めなさい。

　　　　　　　　　　　　　　　（　B　　　　　　E　　　　　　）

🔺点UP ☐(2)　A～E 5 人の体重の平均を求めなさい。

　　　　　　　　　　　　　　　　　　　　（　　　　　　　　　）

[解答 ▶ p.4]　**9**

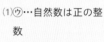

💡ヒント

❻

答えの符号をまず決定
する。分数の形で表し
て約分すると，まちが
えにくい。

❼

加減より乗除を先に計
算する。

❽

(1)⑨…自然数は正の整
　　　数
　　④…整数で，自然数
　　　でないもの
　　⑦…数全体の集合で，
　　　整数でないもの
(2)整数をいろいろあて
　はめてみる。

❾

(2)A～E の全員の体重
　を求める必要はない。
　基準とのちがいの総
　和を人数でわり，基
　準に加える。

📝テスト得ダネ

正負の数を利用した
問題では，このタイ
プの問題がよく出題
される。解き方をよ
く理解しておこう。

Step 3 予想テスト　1章 正負の数

 30分　／100点　目標 80点

❶ 下の数直線で，点 A，B，C に対応する数を答えなさい。知　　　　6点(各2点)

❷ 次の各組の数の大小を，不等号を使って表しなさい。知　　　　6点(各2点)

- (1)　$-4.5,\ +5$
- (2)　$-0.7,\ -1$
- (3)　$-0.3,\ -\dfrac{1}{3},\ +\dfrac{2}{5}$

❸ 次の数のなかで，下の(1)〜(3)にあてはまる数をすべて答えなさい。知　　　　9点(各3点)

$$-0.3,\ -3,\ -\dfrac{5}{2},\ -1,\ +2.5,\ +\dfrac{3}{4}$$

- (1)　絶対値が等しい数
- (2)　絶対値が 0 以上 2 以下の数
- (3)　絶対値がいちばん大きい数

❹ 次の計算をしなさい。知　　　　24点(各4点)

- (1)　$-8+(-10)$
- (2)　$-4-(-9)$
- (3)　$-1.6-(-1.1)$
- (4)　$\left(-\dfrac{1}{3}\right)+\left(-\dfrac{5}{6}\right)$
- (5)　$6-15-(-7)$
- (6)　$-2-(-5)+(-6)-12$

❺ 次の計算をしなさい。知　　　　32点(各4点)

- (1)　$(-6)\times(-9)$
- (2)　$(-72)\div 12$
- (3)　$\left(-\dfrac{4}{3}\right)\times\left(+\dfrac{15}{8}\right)$
- (4)　$(-24)\div\left(-\dfrac{8}{3}\right)$
- (5)　$(-2)^3\times(-1)^2$
- (6)　$(-6^2)\div(-9)\times(-7)$
- (7)　$3-(-15)\div 6$
- (8)　$18\times\left(\dfrac{2}{3}-\dfrac{7}{9}\right)$

❻ □が正の数，○が負の数のとき，次の⑦～⊕のうち，計算の結果がいつでも正の数になるものはどれですか。**考**　　3点(完答)

⑦　□＋○　　　　⊘　□－○　　　　⑨　□×○　　　　⊕　○×○

❼ あかりさんは，1日の読書のページ数を火曜日の20ページを基準にして，それより多い場合を正の数，少ない場合を負の数で表して，下の表のように記録しています。次の問に答えなさい。**考**　　10点(各5点)

曜日	月	火	水	木	金	土	日
ページ数	−2	0	+5	+7	−3	+13	+1

点UP

(1)　あかりさんが月曜日から日曜日までに読んだ本のページ数の合計を求めなさい。

(2)　7日間の読書のページ数の平均を求めなさい。

点UP

❽ 右の表の①～⑤に整数をあてはめて，縦，横，斜めのそれぞれの3つの数の和がすべて等しくなるようにしなさい。**考**　　10点(各2点)

7	①	②
③	2	④
1	⑤	−3

❶	A	B	C
❷	(1)	(2)	(3)
❸	(1)	(2)	(3)
❹	(1)	(2)	(3)	(4)
	(5)	(6)		
❺	(1)	(2)	(3)	(4)
	(5)	(6)	(7)	(8)
❻			
❼	(1)	(2)	
❽	①	②	③
	④	⑤	

Step 1 基本チェック ： 1節 文字を使った式

15分

教科書のたしかめ　[　]に入るものを答えよう！

❶ 文字の使用　▶ 教 p.64-65　Step 2 ❶

解答欄

□(1)　x 冊のノートを持っている人が友達から 3 冊のノートをもらった
とき，この人の持っているノートは，（[$x+3$]）冊と表せる。

(1)

□(2)　1辺が x cm の正方形の周の長さは，（[$x\times4$]）cm と表せる。

(2)

❷ 文字を使った式の表し方　▶ 教 p.66-70　Step 2 ❷❸

□(3)　$x\times8$ は，[$8x$]と表す。また，$x\times1$ は，[x]と表す。

(3)

□(4)　$y\times x\times4$ は，[$4xy$]と表す。

(4)

□(5)　$(x-2)\times5$ は，[$5(x-2)$]と表す。

(5)

□(6)　$(-1)\times a$ は，[$-a$]と表す。

(6)

□(7)　$b\times a\times a\times b\times6$ は，[$6a^2b^2$]と表す。

(7)

□(8)　$a\div8$ は，$\left[\dfrac{a}{8} \right]$ と表す。

(8)

□(9)　1個 a 円の品物を 2 個と 1 個 b 円の品物を 7 個買ったときの代金
の合計は，（[$2a+7b$]）円である。

(9)

□(10)　90 cm のリボンから x cm のリボンを 4 本切り取ったときの残っ
ているリボンの長さは，（[$90-4x$]）cm である。

(10)

❸ 代入と式の値　▶ 教 p.71-72　Step 2 ❹-❻

□(11)　$x=3$ のとき，$2x+5$ の値は
$$2\times[\ 3 \ ]+5=[\ 11 \ ]$$

(11)

□(12)　$a=-4$ のとき，$9a$ の値は
$$9a=9\times[\ (-4) \ ]=[\ -36 \ ]$$
$-a^2$ の値は　$-a^2=-\{[\ (-4)\times(-4) \ ]\}=[\ -16 \ ]$

(12)

教科書のまとめ　＿＿に入るものを答えよう！

□文字の混じった乗法…記号 × をはぶく。

□文字と数の積… 数 を文字の前に書く。

□同じ文字の積… 累乗 の指数を使って表す。

□文字の混じった除法…記号 ÷ を使わずに， 分数 の形で書く。

□式のなかの文字を数におきかえることを，文字にその数を 代入する といい， 代入 して計算
した結果を，そのときの 式の値 という。

Step 2 予想問題 ： **1節 文字を使った式**

1ページ
30分

2章

【文字の使用】

❶ 次の数量を，文字を使った式で表しなさい。

□(1) 1本 a 円の鉛筆を 12 本，1冊 b 円のノートを 5 冊買ったときの
代金の合計

（　　　　　　　　　）

□(2) 1本 50 円の鉛筆を x 本買って，1000 円札を出したときのおつり

（　　　　　　　　　）

□(3) 縦 x cm，横 y cm の長方形の周の長さ

（　　　　　　　　　）

□(4) 面積 30 cm²，底辺 a cm の平行四辺形の高さ

30 cm²

a cm

（　　　　　　　　　）

【文字を使った式の表し方①】

❷ 次の式を，文字式の表し方にしたがって表しなさい。

□(1) $x \times (-2) \times y$ 　　　　□(2) $a \times (-1) \times x$

□(3) $(x+y) \times 3$ 　　　　□(4) $a \times b \times 5 \times a \times a \times b$

□(5) $a \div (-6)$ 　　　　□(6) $(a-b) \div c$

□(7) $x \times y \div z$ 　　　　□(8) $a \times 4 \times a - b \div 3$

【文字を使った式の表し方②】

❸ 次の式を，×や÷の記号を使って表しなさい。

□(1) $-7xy$ 　　　　□(2) $2a^2 b$

□(3) $\dfrac{2a-b}{3}$ 　　　　□(4) $6x + \dfrac{xy}{4}$

💡 ヒント

❶

(1)（代金）
　＝（単価）×（個数）

(2) おつりは
　（出したお金）
　　−（代金）

(3) 長方形の周の長さは
　{（縦）＋（横）}×2

(4)（平行四辺形の面積）
　＝（底辺）×（高さ）
　の式から，高さを
　求める式を考える。

⊗ ミスに注意
単位を忘れないよう
にしよう。
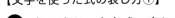

❷
乗法では，記号 × を
はぶき，文字と数との
積では，数を文字の前
に書く。
除法では，記号 ÷ を
使わずに，分数の形で
書く。

⊗ ミスに注意
$-1a$ とは書かない。
1 をはぶいて，$-a$
と書こう。

❸
(3) $2a-b$ に（　）をつけ
　て，×や÷の記号
　を使って表す。

【代入と式の値①】

❹ 次の問に答えなさい。

(1) $x＝2$ のとき，次の式の値を求めなさい。

☐① $2x－1$　　　　☐② $12－3x$　　　　☐③ $－4x＋3$

(　　　　　)　　　(　　　　　)　　　(　　　　　)

(2) $a＝－3$ のとき，次の式の値を求めなさい。

☐① $－3a＋2$　　　　☐② $\dfrac{5a}{6}$　　　　☐③ $－2a^2$

(　　　　　)　　　(　　　　　)　　　(　　　　　)

【代入と式の値②】

❺ x が次の値のとき，$－2x＋3$ の値を求めなさい。

☐(1) $x＝2$　　　　　　　　☐(2) $x＝－1$

(　　　　　)　　　　　　(　　　　　)

【代入と式の値③】

❻ $a＝2$，$b＝－3$ のとき，次の式の値を求めなさい。

☐(1) $－2a$　　　　　　　　☐(2) $3b＋4$

(　　　　　)　　　　　　(　　　　　)

☐(3) $a^2＋a$　　　　　　　☐(4) $－b^2－\dfrac{3}{b}$

(　　　　　)　　　　　　(　　　　　)

☐(5) $3a＋b$　　　　　　　☐(6) $－a－4b^2$

(　　　　　)　　　　　　(　　　　　)

❹

(1)③ $－4x$
　$＝(－4)×x$

(2)負の数を代入すると
　きは，（　）をつける。

❌│ミスに注意

累乗の文字式に負の
数を代入するときに
は注意が必要だよ。
例 a^2 に $a＝－2$ を
　代入するとき
　$－2^2$ …誤
　$(－2)^2$…正

❺

(1)$－2x＋3$
　$＝－2×2＋3$
(2)$－2x＋3$
　$＝－2×(－1)＋3$

❻

負の数を代入するとき
は，（　）をつける。

［解答 ▶ p.6］

Step 1 基本チェック ： 2節 文字式の計算　3節 文字式の利用

15分

教科書のたしかめ　[ ]に入るものを答えよう！

2節 ❶ 1次式の計算　▶ 教 p.74-79　Step 2 ❶-❺

解答欄

☐(1)　$2a-6b$ の項は $[\,2a\,]$，$[\,-6b\,]$ で，a の係数は 2，b の係数は $[\,-6\,]$ である。

(1)

☐(2)　$2a+5a=[\,7a\,]$

(2)

☐(3)　$5x-2-7x+4=5x-7x-2+4=[\,-2x+2\,]$

(3)

☐(4)　$(4y-3)+(2y+1)=4y-3+[\,2y+1\,]=[\,6y-2\,]$

(4)

☐(5)　$(8a+7)-(4a-3)=8a+7-4a\,[\,+3\,]=[\,4a+10\,]$

(5)

☐(6)　$3a×2=[\,6a\,]$

(6)

☐(7)　$12x÷3=12x×\left[\,\dfrac{1}{3}\,\right]=[\,4x\,]$

(7)

☐(8)　$5(x+6)=5×[\,x\,]+5×6=[\,5x+30\,]$

(8)

☐(9)　$(18x+12)÷6=(18x+12)×\left[\,\dfrac{1}{6}\,\right]=18x×\dfrac{1}{6}+[\,12\,]×\dfrac{1}{6}$
$=[\,3x+2\,]$

(9)

☐(10)　$\dfrac{4x-1}{3}×12=\dfrac{(4x-1)×12}{3}=(4x-1)×[\,4\,]=[\,16x-4\,]$

(10)

☐(11)　$2(x-2)+3(x+4)=2x-4+[\,3x+12\,]=[\,5x+8\,]$

(11)

3節 ❶ 数の表し方　▶ 教 p.83　Step 2 ❻❼

☐(12)　a km と b m の和は，$([\,1000a+b\,])$ m である。

(12)

☐(13)　十の位が 8，一の位が x の 2 けたの整数は $[\,80+x\,]$ と表せる。

(13)

☐(14)　n が整数のとき，9 の倍数は $[\,9n\,]$ と表せる。

(14)

3節 ❷ 数量の間の関係の表し方　▶ 教 p.84-85　Step 2 ❽

☐(15)　「x の 2 倍に 6 を加えた数は 24 である」とき，等号 ＝ を使って表すと　$[\,2x+6=24\,]$

(15)

☐(16)　「a は b 以下である」とき，不等号 ≦ を使って表すと　$[\,a≦b\,]$

(16)

教科書のまとめ　____ に入るものを答えよう！

☐ $2x+5$ という式で，$2x$，5 のそれぞれを 項 という。また，$2x$ で，2 を x の 係数 という。

☐ 1 次の項だけか，1 次の項と数の項の和で表すことができる式を 1次式 という。

☐ 1 次式と数の乗法は，分配法則 $a(b+c)=ab+ac$ を使って計算することができる。

☐ 等号を使って数量の間の関係を表した式を 等式 といい，不等号を使って数量の間の関係を表した式を 不等式 という。

15

2節 文字式の計算
3節 文字式の利用

1ページ
30分

【1次式の計算①】

❶ 次の式の項と係数を答えなさい。

☐(1) $4a-5b$

（項　　　　　　　　　　）

（ a の係数　　　b の係数　　）

☐(2) $-x+6y$

（項　　　　　　　　　　）

（ x の係数　　　y の係数　　）

☐(3) $\dfrac{4}{5}x+y$

（項　　　　　　　　　　）

（ x の係数　　　y の係数　　）

☐(4) $2x+3y+1$

（項　　　　　　　　　　）

（ x の係数　　　y の係数　　）

【1次式の計算②】

❷ 次の計算をしなさい。

☐(1) $3x+5x$

☐(2) $2a-7a$

☐(3) $\dfrac{3}{4}b+\dfrac{1}{2}b$

☐(4) $2y-5y+y$

☐(5) $2x-5+x+1$

☐(6) $-6a-5+2a-7$

【1次式の計算③】

よく出る

❸ 次の計算をしなさい。

☐(1) $(2x+3)+(3x-5)$

☐(2) $(5a-7)+(-9a+7)$

☐(3) $2x+(1-8x)$

☐(4) $(4b-1)-(6b-5)$

☐(5) $(5x+4)-(7-3x)$

☐(6) $(-6y+2)-(-y-8)$

【1次式の計算④】

よく出る

❹ 次の計算をしなさい。

☐(1) $(-3)\times4a$

☐(2) $8x\div(-4)$

☐(3) $2(-y+4)$

☐(4) $(10x-20)\div5$

☐(5) $(27b+18)\div(-3)$

☐(6) $\dfrac{4x-1}{3}\times(-9)$

💡ヒント

❶

(2) $-x$ の項で，x の係数は -1 である。

(3)

❌ ミスに注意

y の項の y の係数は1であることに注意しよう。

❷

文字の部分が同じ項は1つの項にまとめ，簡単にすることができる。

❸

加法…文字の部分が同じ項どうし，数の項どうしを加える。

減法…ひくほうの式の各項の符号を変えて加える。

❹

(3)(6)分配法則

$a(b+c)=ab+ac$

を使って計算する。

除法は乗法になおして計算する。

[解答 ▶ p.7]

【1次式の計算⑤】

❺ 次の計算をしなさい。

□(1)　$2(3x+1)+3(x-5)$　　　　□(2)　$4(3a-4)+7(-a+3)$

□(3)　$7(a-2)-5(a-3)$　　　　□(4)　$6(3y+2)-4(-y+3)$

□(5)　$\dfrac{3}{4}(4b+12)+\dfrac{1}{5}(10b-25)$　□(6)　$\dfrac{1}{3}(6x+9)-\dfrac{1}{2}(8x-6)$

【数の表し方①】

❻ 次の数量を，文字を使った式で表しなさい。

□(1)　定価 a 円の品物を，3 割引きで売ったときの売り値

□(2)　半径 r cm の円の面積　（円周率は π とする）

□(3)　3 km の道のりを，行きは時速 x km，帰りは時速 y km で往復したときにかかった時間

【数の表し方②】

❼ ある美術館の入館料は，中学生が a 円，おとなが b 円です。
□　$12a+4b$ はどんな数量を表していますか。

【数量の間の関係の表し方】

❽ 次の数量の間の関係を，等式または不等式で表しなさい。

□(1)　1 個 x kg の荷物 2 個と 1 個 y kg の荷物 5 個の重さの合計は 20 kg だった。

□(2)　a の 4 倍に 5 を加えた数は，b 以上である。

□(3)　50 個のあめを 1 人に y 個ずつ 7 人に配ったら，あめが何個かあまった。

□(4)　ある中学校の生徒数は，昨年は x 人だった。今年は 7% 増えて y 人になった。

●ヒント

❺
まず，分配法則でかっこをはずして，文字の項，数の項どうしをまとめる。
(3)$-5(a-3)$
　$=(-5)\times a$
　　$+(-5)\times(-3)$
　$=-5a+15$

❻
(1) 3 割→$\dfrac{3}{10}$
(2)(円の面積)
　=(半径)×(半径)
　　×(円周率)
(3)(時間)
　=(道のり)÷(速さ)

📑テスト得ダネ
数量を文字の式で表す問題はよく出る。文字式の表し方にしたがって表そう。

❼
$12a+4b$ を，記号 $\times$ を使って表してみる。
　$12a+4b$
$=a\times12+b\times4$

❽
数量の間の関係をよく読みとる。
(2)b 以上…不等号 $\geqq$ を使って表す。
(3)(はじめの個数)
　ー(配った個数)
　=(残りの個数)
(4) 7 %→$\dfrac{7}{100}$

❌ミスに注意
文字にいろいろな数を代入してみよう。

Step 3 **予想テスト**　**2章 文字と式**

30分　目標 80点　／100点

❶ 次の数量を，文字を使った式で表しなさい。知　8点(各2点)

☐(1)　4人が a 円ずつ出し合ったお金で，1本 b 円のジュースを5本買ったときに残った金額

☐(2)　200 g の p %の重さ

☐(3)　縦が x cm で，横が縦より5 cm 長い長方形の周の長さ

☐(4)　男子 m 人の体重の平均が x kg，女子 n 人の体重の平均が y kg のときの全員の体重の平均

❷ 次の問に答えなさい。知　12点(各4点)

☐(1)　$x=5$ のとき，$2x-9$ の値を求めなさい。

☐(2)　$a=-4$ のとき，$-a^2+3a$ の値を求めなさい。

☐(3)　次の㋐〜㋓のうち，$x=-0.1$ のとき，式の値がもっとも大きくなるものを答えなさい。
　㋐　$-x$　　　　㋑　x^2　　　　㋒　$-10x$　　　　㋓　$(-x)^2$

❸ 次の計算をしなさい。知　32点(各4点)

☐(1)　$2a-3+5a+8$　　　　　☐(2)　$(6y+4)+(2y-9)$

☐(3)　$24a\times\left(-\dfrac{1}{3}\right)$　　　　　☐(4)　$\dfrac{5a-1}{6}\times24$

☐(5)　$(49x-21)\div(-7)$　　　　　☐(6)　$2(x+5)+4(2x-3)$

☐(7)　$3(4x+5)-2(3x+8)$　　　　　☐(8)　$\dfrac{1}{2}(x+3)-\dfrac{2}{3}(5x+1)$

❹ 次の2つの式の和を求めなさい。また，左の式から右の式をひいたときの差を求めなさい。
☐　　　$5x-3,\quad -x+2$　　　　　知　8点(各4点)

❺ 1個 a g のかんづめが b 個ある。このとき，ab はどんな数量を表していますか。また，その単位も答えなさい。[考]　8点(各4点)

❻ 次の数量の間の関係を，等式または不等式で表しなさい。[考]　12点(各4点)

□(1)　50円切手を a 枚と120円切手を b 枚買ったときの代金の合計は，ちょうど750円だった。

□(2)　男子15人，女子14人のクラスで，男子の平均点が a 点で，女子の平均点が b 点だった。このとき，このクラスの平均点は75点以上だった。

□(3)　家から x km はなれた公園に行くのに，時速5 km で歩いている。家を出発してから y 時間後の残りの道のりは3 km だった。

❼ 下の図のように，マッチ棒を並べて正三角形をつくっていきます。次の問に答えなさい。
[考]　20点(各10点)

□(1)　正三角形を x 個つくるとき，マッチ棒は何本必要ですか。左端の1本と，2本のまとまりが x 個でできていると考えて，文字を使った式で表しなさい。

□(2)　正三角形を100個つくるとき，マッチ棒は何本必要ですか。

❶	(1)		(2)	
	(3)		(4)	
❷	(1)	(2)		(3)
❸	(1)	(2)	(3)	(4)
	(5)	(6)	(7)	(8)
❹	和		差	
❺	どんな数量			単位
❻	(1)		(2)	
	(3)			
❼	(1)		(2)	

❶ ／8点　❷ ／12点　❸ ／32点　❹ ／8点　❺ ／8点　❻ ／12点　❼ ／20点

Step 1 基本チェック ● 1節 方程式とその解き方

15分

教科書のたしかめ　[ ]に入るものを答えよう！

❶ 方程式とその解　▶教 p.92-95　Step 2 ❶-❸

解答欄

□(1)　1，2，3のうち，方程式 $3x+1=7$ の解はどれですか。

$x=1$ のとき　（左辺）$=3×1+1=[\ 4\ ]$

$x=2$ のとき　（左辺）$=3×2+1=[\ 7\ ]$

$x=3$ のとき　（左辺）$=3×3+1=[\ 10\ ]$

$x=[\ 2\ ]$ のとき，等式が成り立つので，解は $[\ 2\ ]$ である。

(1)

□(2)　次の㋐～㋒の方程式のうち，3が解であるものは　$[\ ㋒\ ]$

㋐　$x+3=2$　　㋑　$3x-4=6$　　㋒　$-2x+5=-1$

(2)

□(3)　$x-4=8$ を解きなさい。

両辺に $[\ 4\ ]$ を加えると　$x-4+4=8+4$　　$x=[\ 12\ ]$

(3)

□(4)　$\dfrac{1}{3}x=5$ を解きなさい。

両辺に $[\ 3\ ]$ をかけると　$\dfrac{1}{3}x×3=5×3$　　$x=[\ 15\ ]$

(4)

❷ 方程式の解き方　▶教 p.96-97　Step 2 ❹❺

□(5)　$7x-1=4x+8$

-1，$4x$ を移項すると　$7x-[\ 4x\ ]=8+[\ 1\ ]$

$3x=[\ 9\ ]$

$x=[\ 3\ ]$

(5)

❸ いろいろな方程式　▶教 p.98-100　Step 2 ❻❼

□(6)　$6x+2(x-12)=8$　かっこをはずすと　$6x+[\ 2x-24\ ]=8$

(6)

□(7)　$1.2x-0.6=1.8$　両辺に $[\ 10\ ]$ をかけると　$[\ 12x-6\ ]=18$

(7)

□(8)　$\dfrac{1}{2}x+3=\dfrac{1}{3}x$　両辺に $[\ 6\ ]$ をかけると　$[\ 3x+18\ ]=2x$

(8)

教科書のまとめ　___ に入るものを答えよう！

□式のなかの文字に代入する値によって，成り立ったり，成り立たなかったりする等式を 方程式 という。また，それを成り立たせる文字の値を方程式の 解 という。

□方程式の解を求めることを，方程式を 解く という。

□方程式は，等式の性質 を使って解くことができる。また，等式の一方の辺にある項の符号を 変えて他方の辺に移す 移項 の考えを使って解くこともできる。

□係数に分数をふくむ方程式で，分数をふくまない形に変形することを 分母をはらう という。

Step 2　予想問題　1節 方程式とその解き方

1ページ
30分

【方程式とその解①】

よく出る

❶ 次の問に答えなさい。

□(1) −2，0，2のうち，方程式 $3x-5=1$ の解はどれですか。

（　　　　　　）

□(2) 次の㋐～㋓の方程式で，−5が解であるものはどれですか。

㋐ $2x-3=-7$ 　　　　㋑ $\dfrac{3}{5}x=3$

㋒ $4x+7=x-8$ 　　　　㋓ $2(x+4)=7x-7$

（　　　　　　）

【方程式とその解②】

❷ 次の方程式を，右の等式の性質を使って解きなさい。また，等式の性質①～④のどれを使ったか答えなさい。

□(1) $x+3=8$

（　　　，　　　）

□(2) $x-2=7$

（　　　，　　　）

□(3) $4x=-20$

（　　　，　　　）

□(4) $\dfrac{1}{3}x=8$

（　　　，　　　）

> $A=B$ ならば
> ① $A+C=B+C$
> ② $A-C=B-C$
> ③ $AC=BC$
> ④ $\dfrac{A}{C}=\dfrac{B}{C}$ （$C\neq0$）

【方程式とその解③】

❸ 次の方程式を解きなさい。

□(1) $x-7=8$ 　　　　　　□(2) $2+x=-6$

□(3) $-8x=4$ 　　　　　　□(4) $\dfrac{1}{7}x=4$

ヒント

❶

x の値を代入して，左辺と右辺の値が等しくなるとき，等式が成り立つ。

(1) x に −2，0，2 をそれぞれ代入する。

(2) x に −5 を代入する。

❷

どの等式の性質を使えば，左辺を x だけにして，$x=\square$ の形にできるかを考える。

❸

等式の性質を使って解く。

(2) $2+x=-6$
　　　↓
　　$x+2=-6$
と考えて，両辺から2をひく。

【方程式の解き方①】

❹　次の方程式を解きなさい。

☐(1)　$x+7=10$　　　　　　☐(2)　$5x-2=8$

☐(3)　$4x=x-9$　　　　　　☐(4)　$2x=30-4x$

【方程式の解き方②】

❺　次の方程式を解きなさい。

☐(1)　$6x-1=x-6$　　　　　☐(2)　$x-15=-3x-11$

☐(3)　$13-8x=-10x+3$　　　☐(4)　$-7-3x=5x+17$

【いろいろな方程式①】

❻　次の方程式を解きなさい。

☐(1)　$5(x-2)=2x+2$　　　　☐(2)　$-2(x+1)+3=5$

☐(3)　$2.4x+2=0.4x+8$　　　☐(4)　$1.9x-1.08=0.6x+0.61$

☐(5)　$x-\dfrac{1}{3}=-\dfrac{x}{6}+2$　　　☐(6)　$\dfrac{3x+7}{2}=\dfrac{4x+15}{3}$

【いろいろな方程式②】

❼　x についての方程式 $4x-a=x-1$ の解が $x=3$ であるとき，a の値を
☐　求めなさい。

ヒント

❹

移項の考えを使って解く。

① x をふくむ項を左辺に，数の項を右辺に移項する。

② $ax=b$ の形にする。

③ 両辺を x の係数 a でわる。

❺

$(1)\,6x-1=x-6$

$6x-x=-6+1$

テスト得ダネ

方程式を解く問題はよく出るよ。
確実に解けるようにしよう。

❻

(1)(2)かっこをはずす。

(3)(4)両辺に 10，100 をかける。

(5)(6)分母の最小公倍数を両辺にかける。

ミスに注意

係数を整数になおすとき，すべての項にかける。
(5)では，x，数の項2へのかけ忘れをしない。

❼

$4x-a=x-1$ の x に3を代入して，a についての方程式とみて解く。

22　　　　　　　　　　　　　　　　　　　　　　　　　　　　　[解答 ▶ p.12]

Step 1 基本チェック 2節 1次方程式の利用

15分

教科書のたしかめ [ ]に入るものを答えよう!

❶ 1次方程式の利用 ▶教 p.103-106 Step 2 ❶-❻

解答欄

A さんはあめ玉を 15 個, B さんはあめ玉を 3 個持っています。A さんが B さんに何個かあげて, A さんのあめ玉の数が B さんのあめ玉の数の 2 倍になるようにするには, 何個あげればよいですか。

☐(1) A さんが B さんにあめ玉を[x]個あげるとすると, あげたあとに持っているあめ玉の個数は,

A さんが ([$15-x$]) 個, B さんが ([$3+x$]) 個

(1)

☐(2) 数量の間の関係を見つける。

(A さんのあめ玉の個数) ＝ (B さんのあめ玉の個数)×[2]

(2)

☐(3) 方程式をつくる。[$15-x$] ＝ [$2(3+x)$]

(3)

☐(4) 方程式を解くと $x＝$[3]

(4)

☐(5) したがって, A さんは B さんに[3]個あげればよい。

(5)

❷ 比例式の利用 ▶教 p.107-109 Step 2 ❼-❿

☐(6) 比例式 $4:5＝\dfrac{3}{5}:x$ で, x の値を求めなさい。

(6)

$$4×x＝5×\left[\dfrac{3}{5}\right] \qquad 4x＝3 \qquad x＝\left[\dfrac{3}{4}\right]$$

☐(7) あるお菓子を作るとき, 砂糖 125 g に小麦粉 200 g の割合で混ぜます。これと同じお菓子を作るために, 小麦粉を 360 g 用意しました。砂糖は何 g 用意すればよいですか。

(7)

砂糖を x g 用意するとすると $x:360＝$[125]$:200$

$$x×200＝360×[125]$$

$$x＝\dfrac{45000}{200}$$

砂糖は[225]g 用意すればよい。

教科書のまとめ ___ に入るものを答えよう!

☐ 1次方程式を利用して問題を解く順序

1. 何を 文字 で表すかを決める。
2. 数量の間の関係を見つけ, 方程式をつくる 。
3. つくった方程式を 解く 。
4. 方程式の解が問題に適していることを確かめて 答え を求める。

☐ $a:b＝3:5$ のような, 比が等しいことを表す式を 比例式 という。

☐ 比例式の性質 $a:b＝m:n$ ならば $an ＝ bm$

Step 2 予想問題 ： **2節 1次方程式の利用**

1ページ
30分

【1次方程式の利用①】

❶ 次の問題を，方程式を使って解きなさい。

☐(1)　ある数を3倍して9を加えると，ある数から2をひいて4倍したものと等しくなりました。このとき，ある数を求めなさい。

（　　　　　　　　）

点UP　☐(2)　一の位の数字が3である2けたの自然数があります。この数の十の位の数字と一の位の数字を入れかえると，もとの数より18小さくなります。もとの数を求めなさい。

（　　　　　　　　）

【1次方程式の利用②】

よく出る　❷ 次の問題を，方程式を使って解きなさい。

☐(1)　1個60円のみかんと1個90円のなしを合わせて10個買いました。そのときの代金の合計は780円でした。みかんとなしは，それぞれ何個買いましたか。

（みかん　　　　　　　なし　　　　　　　）

☐(2)　鉛筆7本とボールペン5本を買ったときの代金の合計は1950円でした。1本の値段は，ボールペンのほうが鉛筆より30円高かったそうです。ボールペン1本の値段を求めなさい。

（　　　　　　　　）

【1次方程式の利用③】

❸ ある中学校の1年生の人数は，男子が女子よりも14人多く，男女合わせると164人です。1年生の女子の人数を求めなさい。

（　　　　　　　　）

💡ヒント

❶
方程式の利用の問題では，求める数量を x で表し，等しい関係を見つけ，方程式をつくる。

(1)ある数を x とする。

❌ ミスに注意
ある数から2をひいて4倍したもの
↓
かっこをつける。
$(x-2)\times4$

❷
❌ ミスに注意
方程式を解いたら，求めるものが何かを確認し，単位をつけて答えを書こう。

(2)求めるものは，ボールペン1本の値段である。

❸
女子の人数を x 人とすると，男子の人数は $(x+14)$ 人である。

［解答▶p.13］

【1次方程式の利用④】

④ 次の問題を，方程式を使って解きなさい。

□(1)　色紙を生徒1人に3枚ずつ配ると27枚余り，1人に4枚ずつ配ると9枚たりません。生徒は何人ですか。

（　　　　　　　）

□(2)　子どもにみかんを分けるのに，1人に4個ずつ配ると4個たりなくなるので，1人に3個ずつ配ったら2個余りました。みかんは何個ありましたか。

（　　　　　　　）

【1次方程式の利用⑤】

⑤ 次の問題を，方程式を使って解きなさい。

□(1)　姉が歩いて家を出てから15分後に，妹が家を出発して自転車で姉を追いかけました。
姉の歩く速さを分速80 m，妹の自転車の速さを分速200 mとすると，妹は家を出発してから何分後に姉に追いつきますか。

（　　　　　　　）

□(2)　家から学校まで時速4 kmで歩いたら10分遅刻するので，時速20 kmで自転車で行ったら14分前に着きました。
家から学校まで何 kmですか。

（　　　　　　　）

💡ヒント

④
(1)生徒の人数を x 人として，色紙の枚数を2通りに表す。
(2)子どもの人数を x 人とする。

⑤
(1)妹が家を出発してから x 分後に追いつくとすると，姉は $(15+x)$ 分歩いたことになる。
(2)家から学校までを x km として，時間について，方程式をつくる。

テスト得ダネ
速さの問題は，方程式の応用として，よく出題されるよ。
方程式のつくり方をよく理解しておこう。

3章

【1次方程式の利用⑥】

❻ ある本を読むのに，1日目に全体の $\frac{1}{4}$ を読み，2日目に残りの $\frac{2}{5}$ を読んだら，あと 81 ページになりました。この本のページ数を求めなさい。

（　　　　　　　）

【比例式の利用①】

❼ 次の比例式で，x の値を求めなさい。

□(1)　$x:2=3:6$　　　　　□(2)　$3:x=15:20$

□(3)　$x:8=5:2$　　　　　□(4)　$6:7=18:x$

□(5)　$10:x=4:3$　　　　□(6)　$4:3=x:2$

【比例式の利用②】

❽ 次の比例式で，x の値を求めなさい。

□(1)　$\frac{1}{3}:\frac{1}{5}=x:30$　　　　□(2)　$x:40=\frac{3}{8}:\frac{5}{6}$

□(3)　$(x-5):4=3:2$　　　□(4)　$2:5=(8-x):15$

❻
この本のページ数を x ページとすると，
1日目は
$x\times\frac{1}{4}$（ページ）
2日目は
$x\times\left(1-\frac{1}{4}\right)\times\frac{2}{5}$
（ページ）
読んでいる。

❼
比例式の性質
$a:b=m:n$ ならば
$an=bm$

(1) $x:2=3:6$

ミスに注意
かけるものを間違えないようにしよう。
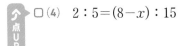

❽
分数やかっこのついた比例式も，比例式の性質が使える。

【比例式の利用③】

❾ 次の問に答えなさい。

□(1)　牛乳 120 mL にコーヒー 30 mL の割合で混ぜてミルクコーヒー を作ります。これと同じミルクコーヒーを作るために牛乳を 200 mL 用意しました。コーヒーは何 mL 用意すればよいですか。

（　　　　　　　　　）

□(2)　98 枚のカードを兄と弟で分けるのに，兄と弟の枚数の比が 4：3 になるようにしたいと思います。兄の枚数は何枚にすればよいで すか。

（　　　　　　　　　）

【比例式の利用④】

❿ 袋にくぎがたくさん入っています。このくぎ全体の重さは，袋の重さ を除いて 225 g ありました。同じくぎ 20 本の重さをはかったら， 30 g でした。袋に入っているくぎは全部で何本ありますか。

（　　　　　　　　　）

ヒント

❾
(1)用意するコーヒーを x mL とする。
（牛乳）：（コーヒー）
＝120：30
であるから，この比 に等しくなるように 比例式をつくる。
(2)兄と弟の枚数の比が 4：3 であるから， 全体は 7 となる。
（全体の枚数）
：（兄の枚数）
で比例式をつくる。

3章

❿
袋に入っているくぎの 重さと，同じくぎ 20 本の重さの比が 225：30 であることか ら，袋に入っているく ぎの本数を x 本として， 比例式をつくる。

Step 3　予想テスト　3 章 方程式

⏱ 30分　／100点　目標 80点

❶ 次の⑦〜⑨の方程式で，-2 が解であるものを答えなさい。 知
　　　　　　　　　　　　　　　　　　　　　　　　　　　　　3 点（完答）

　　⑦　$-x+2=4$　　　⑦　$\dfrac{1}{2}x+6=7$　　　⑦　$1-2x=5$　　　⑨　$5x-1=9$

❷ 方程式 $\dfrac{2}{3}x+1=7$ を右のように解きました。
①〜③にあてはまる数を求めなさい。 知

6 点（各 2 点）

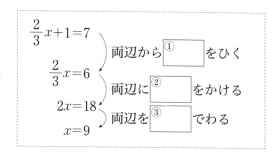

$\dfrac{2}{3}x+1=7$　　}両辺から ① □ をひく
$\dfrac{2}{3}x=6$　　}両辺に ② □ をかける
$2x=18$　　}両辺を ③ □ でわる
$x=9$

❸ 次の方程式を解きなさい。 知
　　　　　　　　　　　　　　　　　　　　　　　　　　　24 点（各 4 点）

□(1)　$5x=4x+6$　　　　□(2)　$3x+8=5$　　　　□(3)　$6x+11=2x-1$

□(4)　$2x+7=-3x-8$　　　□(5)　$-7x-2=-x+10$　　　□(6)　$-9+x=5+8x$

❹ 次の方程式を解きなさい。 知
　　　　　　　　　　　　　　　　　　　　　　　　　　　20 点（各 5 点）

□(1)　$2+5(x+4)=-8$　　　　　□(2)　$0.1x+0.24=0.04x-0.12$

□(3)　$\dfrac{x}{3}-\dfrac{1}{2}=\dfrac{x}{4}-\dfrac{2}{3}$　　　　　□(4)　$\dfrac{4x+2}{5}=\dfrac{2x+1}{3}$

❺ x についての方程式 $2x-a=4(a-x)-7$ の解が $x=3$ であるとき，a の値を求めなさい。

考　5 点

⑥ 次の比例式で，x の値を求めなさい。 **知**　　　　　　　　　　　　　　　　12点(各4点)

☐(1)　$x : 9 = 5 : 3$　　　　　☐(2)　$\dfrac{1}{5} : \dfrac{3}{4} = 12 : x$　　　　☐(3)　$6 : (x+7) = 2 : 5$

⑦ 次の問に答えなさい。 **考**　　　　　　　　　　　　　　　　　　15点(各5点)

☐(1)　同じ値段のノートを 8 冊買うには，持っている金額では 80 円たりません。また，6 冊買うと 240 円余ります。ノート 1 冊の値段と持っている金額を求めなさい。

☐(2)　妹は家を出発して駅に向かいました。その 4 分後に，姉は家を出発して妹を追いかけました。妹の歩く速さを分速 60 m，姉の歩く速さを分速 90 m とすると，姉は家を出発してから何分後に妹に追いつきますか。

点UP **⑧** ドレッシングを作るとき，酢 10 mL とオリーブ油 15 mL の割合で混ぜます。これと同じドレッシングを 400 mL 作るとき，酢は何 mL 用意すればよいですか。 **考**　　　15点

❶			
❷	①	②	③
❸	(1)	(2)	(3)
	(4)	(5)	(6)
❹	(1)	(2)	(3)
	(4)		
❺			
❻	(1)	(2)	(3)
❼	(1) ノートの値段	持っている金額	(2)
❽			

❶ ╱3点　❷ ╱6点　❸ ╱24点　❹ ╱20点　❺ ╱5点　❻ ╱12点　❼ ╱15点　❽ ╱15点

Step 1 基本チェック ： 1節 関数と比例・反比例 ： 2節 比例の性質と調べ方 〔15分〕

教科書のたしかめ 〔 〕に入るものを答えよう！

1節 ❶ 関数　▶ 教 p.116-119　Step 2 ❶

解答欄

y が x の関数であるものには○，そうでないものには×を書きなさい。

☐(1) 分速 60 m で x 分歩いたときに進んだ道のり y m 〔○〕　(1)

☐(2) x 歳の人の体重 y kg 〔×〕　(2)

1節 ❷ 比例と反比例　▶ 教 p.120-121　Step 2 ❷

☐(3) 縦が x cm，横が 6 cm の長方形の面積を y cm² とすると $y=6x$　(3)
であるから，y は x に〔比例〕し，比例定数は〔6〕

☐(4) 面積が 20 cm² の長方形の横を x cm，縦を y cm とすると，　(4)
$y=\dfrac{20}{x}$ であるから，y は x に〔反比例〕し，比例定数は〔20〕

2節 ❶ 比例の表と式　▶ 教 p.124-125　Step 2 ❸❹

☐(5) y は x に比例し，$x=2$ のとき $y=-8$ ならば　$y=$〔$-4x$〕　(5)

2節 ❷ 比例のグラフ　▶ 教 p.126-131　Step 2 ❺❻

☐(6) $y=3x$ は，x の値が 2 のとき，y の値は〔6〕であるから，グラ　(6)
フは原点（0，0）と点（2，〔6〕）を通る直線である。

2節 ❸ 比例の表，式，グラフ　▶ 教 p.132-133　Step 2 ❼

☐(7) 下の表は比例の表である。　(7)
表の空らんをうめなさい。

x	0	1	2	3	4	5	〔6〕
y	0	4	8	〔12〕	16	20	24

☐(8) 上の表で，y を x の式で表すと，〔$y=4x$〕となり，y は x に　(8)
比例する。その比例定数は〔4〕である。

教科書のまとめ ＿＿に入るものを答えよう！

☐2つの変数 x，y があり，変数 x の値を決めると，それにともなって変数 y の値もただ1つ決
まるとき，y は x の 関数 であるという。

☐y が x の関数で，$y=ax$ の式で表されるとき，y は x に 比例 するといい，文字 a を
比例定数という。

☐y が x の関数で，$y=\dfrac{a}{x}$ の式で表されるとき，y は x に 反比例 するといい，文字 a を
比例定数 という

Step 2 予想問題 ・1 節 関数と比例・反比例
・2 節 比例の性質と調べ方

1ページ
30分

【関数】

1 次の⑦～㊁のうち，y が x の関数であるものはどれですか。

⑦　1 本 120 円の鉛筆を x 本買ったときの代金は y 円である。

⑦　母親が x 歳の人の子どもは y 歳である。

⑦　周の長さが x cm である長方形の面積は y cm² である。

㊁　6 L ある水を x L 使ったときの残りの水の量は y L である。

（　　　　　　　　　）

❶
x の値を決めると，y の値もただ 1 つ決まるかどうかを考える。
⑦たとえば，周の長さが 10 cm のとき，縦1 cm，横 4 cm 以外も考えられる。

【比例と反比例】

2 次の(1)～(3)について，y を x の式で表し，y が x に比例するときは〇，反比例するときは△をつけなさい。また，その比例定数を答えなさい。

□(1)　1 m の重さが 15 g の針金の x m の重さを y g とする。

（式　　　　　　　比例定数　　　　　）

□(2)　時速 50 km で x 時間走った道のりを y km とする。

（式　　　　　　　比例定数　　　　　）

□(3)　面積が 20 cm² の平行四辺形の底辺を x cm とすると，高さは y cm になる。

（式　　　　　　　比例定数　　　　　）

❷
(2)(道のり)
　＝(速さ)×(時間)
(3)(高さ)
　＝(面積)÷(底辺)

【比例の表と式①】

3 $y＝-5x$ について，次の問に答えなさい。

□(1)　x の値に対応する y の値を求め，下の表の空らんをうめなさい。

x	…	-3	-2	-1	0	1	2	3	…
y	…								…

□(2)　上の x，y について，x の値が 2 倍，3 倍になると，対応する y の値はそれぞれ何倍になりますか。

（　　　　　　　　　）

❸
$y＝ax$ で，比例定数 a が負の数の場合について考える。

【比例の表と式②】

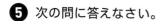

❹ y は x に比例し，$x = -3$ のとき $y = 12$ です。y を x の式で表しなさい。
また，$x = 7$ のときの y の値を求めなさい。

$$(\qquad\qquad , \qquad\qquad)$$

【比例のグラフ①】

❺ 次の問に答えなさい。

□(1)　右の図で，点 A～D の座標を答えなさい。

A(　　　　　)　　B(　　　　　)

C(　　　　　)　　D(　　　　　)

□(2)　次の点を，右の図に示しなさい。

P(-1, 0)，　Q(4, -5)，　R(-3, 2)

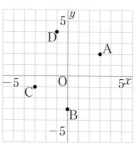

【比例のグラフ②】

❻ 次の問に答えなさい。

□(1)　次の比例のグラフをかきなさい。

① 　$y = 4x$　　　　　② 　$y = -3x$

③ 　$y = \dfrac{1}{3}x$　　　　④ 　$y = -\dfrac{4}{3}x$

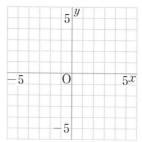

□(2)　(1)の①～④で，x の値が増加すると y の
値も増加するものはどれですか。

$$(\qquad\qquad\qquad)$$

□(3)　(1)の②で，x の値が1ずつ増加すると，y の値はどれだけどのように変化しますか。

$$(\qquad\qquad\qquad)$$

【比例の表，式，グラフ】

❼ 右の図の(1)，(2)は，比例のグラフです。
それぞれについて，y を x の式で表しなさい。

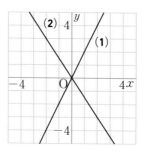

□(1)(　　　　　　)

□(2)(　　　　　　)

ヒント

❹

y が x に比例するとき，$y = ax$ と表せる。
この式に，x, y の値を代入して，a の値を求める。

❺

(1)各点から，x 軸，y 軸に垂直にひいた直線が，x 軸，y 軸と交わる点の目もりを読みとる。

❌ ミスに注意

x 軸，y 軸，原点の位置をまちがえないようにしよう。

❻

(1)x 座標，y 座標の値がともに整数であるような1点を選び，原点と結ぶ。

③点 (3, 1) を通る。

④点 (3, -4) を通る。

(2)右上がりのグラフである。

(3)x の値が1ずつ増加したときの y の値の変化は比例定数と一致する。

❼

グラフ上で，x 座標，y 座標の値がともに整数である点を選ぶ。

Step 1 基本チェック : 3節 反比例の性質と調べ方
4節 比例と反比例の利用

15分

教科書のたしかめ 〔 〕に入るものを答えよう!

3節 ❶ 反比例の表と式 ▶教 p.136-137 Step 2 ❶❷

解答欄

□(1) y は x に反比例し，$x=3$ のとき $y=-5$ ならば $y=\left[-\dfrac{15}{x}\right]$

(1)

3節 ❷ 反比例のグラフ ▶教 p.138-141 Step 2 ❸

□(2) $y=\dfrac{12}{x}$ は，x の値が -3 のとき，y の値は〔-4〕であるから，
グラフは点 $(-3,$ 〔-4〕$)$ を通る双曲線である。

(2)

3節 ❸ 反比例の表，式，グラフ ▶教 p.142-144 Step 2 ❹

□(3) 下の表は反比例の表である。表の空らんをうめなさい。

x	1	2	3	4	5	6
y	24	〔12〕	8	6	〔$\dfrac{24}{5}$〕	4

(3)

□(4) 上の表で，x と y の関係は $xy=$〔24〕

したがって，y を x の式で表すと，$y=\left[\dfrac{24}{x}\right]$ となり，y は
x に反比例する。比例定数は〔24〕である。

(4)

4節 ❶ 比例と反比例の利用 ▶教 p.147-149 Step 2 ❺❻

□(5) A さんは家から 4000 m はなれた公園
へ自転車で行く。
右のグラフは，家を出て走り始めて
から x 分後の，家からの道のりを
y m として，x と y の関係を表したものである。

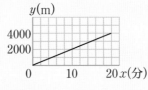

(5)

このとき，A さんは分速〔200〕m で走っていて，走り始めてか
ら 12 分後には，家から〔2400〕m の地点にいる。

教科書のまとめ ____ に入るものを答えよう!

□関数 $y=\dfrac{a}{x}$ の式で表されるとき，y は x に 反比例 するといい，a を 比例定数 という。

□y が x に反比例するとき，x と y の積 xy の値は 一定 で，比例定数に等しい。

□反比例 $y=\dfrac{a}{x}$ では，x の値が 2 倍，3 倍，4 倍，…になると，それにともなって，y の値は
$\dfrac{1}{2}$ 倍，$\dfrac{1}{3}$ 倍，$\dfrac{1}{4}$ 倍，…になる。

4章

Step 2 予想問題 : **3節 反比例の性質と調べ方**
4節 比例と反比例の利用

1ページ
30分

【反比例の表と式①】

❶ $y = \dfrac{12}{x}$ について，次の問に答えなさい。

ヒント

❶

(2) $x = \dfrac{a}{x}$ では，x の値が2倍，3倍になると，それに対応する y の値は $\dfrac{1}{2}$ 倍，$\dfrac{1}{3}$ 倍になる。

□(1) x の値に対応する y の値を求め，下の表の空らんをうめなさい。

x	⋯	-4	-3	-2	-1	0	1	2	3	4	⋯
y	⋯					×					⋯

□(2) x の値が2倍，3倍になると，それに対応する y の値はそれぞれ何倍になりますか。

( )

【反比例の表と式②】

❷ 次の問に答えなさい。

❷

y は x に反比例するから，比例定数を a とすると，$y = \dfrac{a}{x}$ と表すことができる。

□(1) y は x に反比例し，$x=3$ のとき $y=6$ です。y を x の式で表しなさい。また，$x=2$ のときの y の値を求めなさい。

（式　　　　　　　y の値　　　　　）

□(2) y は x に反比例し，$x=-6$ のとき $y=4$ です。y を x の式で表しなさい。また，$x=3$ のときの y の値を求めなさい。

（式　　　　　　　y の値　　　　　）

【反比例のグラフ】

❸ 次の問に答えなさい。

❸

(1)

(1) 次の反比例のグラフをかきなさい。

□① $y = \dfrac{4}{x}$ 　　□② $y = -\dfrac{12}{x}$

(2) $y = \dfrac{10}{x}$ について，次の問に答えなさい。

□① x の値が 10, 100, 1000 のときの y の値を求めなさい。

(　　　, 　　　, 　　　)

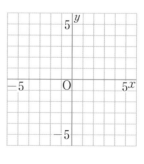

✕ ミスに注意

反比例のグラフは，比例のグラフとちがい，2点を決めるだけではかけないね。通る点をできるだけ多くとり，それらをなめらかな曲線で結ぼう。

(2)②反比例のグラフは，x 軸や y 軸と交わるかを考える。

□② x の値を 0.1, 0.01, 0.001, ⋯のように 0 に近づけていきます。このとき，グラフはどうなっていきますか。

( )

[解答 ▶ p.18]

【反比例の表，式，グラフ】

❹ 右の図の(1)，(2)は反比例のグラフです。
それぞれについて，y を x の式で表しな
さい。

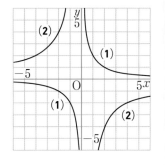

□(1) （　　　　　）

□(2) （　　　　　）

❹

グラフ上で，x 座標，y 座標の値がともに整数である点を選び，その点の x 座標，y 座標の値を $y = \dfrac{a}{x}$ に代入して，a の値を求める。

【比例と反比例の利用①】

❺ 次の㋐～㋒のうち，y が x に反比例するものはどれですか。

㋐　1 m の重さが x g である針金の，20 m の重さ y g

㋑　50 km はなれた場所まで，時速 x km で行くときにかかる時間 y 時間

㋒　半径 x cm の円の面積 y cm²

（　　　　　　　　　）

❺

y を x の式で表してみる。

【比例と反比例の利用②】

❻ 長方形 ABCD の BC 上を B から C まで動く
点 P があります。点 P が秒速 0.5 cm で動く
とき，P が B を出発してから x 秒後の三角形
ABP の面積を y cm² として，次の問に答え
なさい。

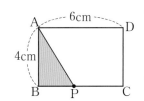

□(1)　5 秒後の BP の長さを求めなさい。

（　　　　　　　　　）

□(2)　y を x の式で表しなさい。

（　　　　　　　　　）

□(3)　下の図に，(2)のグラフをかきなさい。

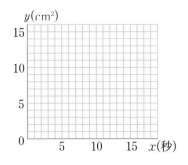

❻

(2)三角形 ABP の面積は

$\dfrac{1}{2} \times BP \times AB$

(3)x の変域に注意。グラフは直線の一部分になる。

テスト得ダネ

比例の利用の問題では，動点の問題がよく出題されるよ。
点の動きと x の変域の関係に注意しよう。

Step 3 予想テスト　4章 比例と反比例

30分　目標 80点　／100点

❶ 次の(1)〜(3)について，y が x の関数であるものには〇，そうでないものには×を書きなさい。

知　12点（各4点）

☐(1)　周の長さが x cm であるひし形の面積は y cm² である。

☐(2)　1個 x 円のケーキを5個買ったときの代金は y 円である。

☐(3)　2000 m の道のりを分速 x m で歩くと y 分かかる。

❷ 次の(1)〜(4)について，y を x の式で表しなさい。また，y が x に比例するものには〇を，y が x に反比例するものには△を書きなさい。知

24点（各3点）

☐(1)　半径が x cm の円の周の長さは y cm である。

☐(2)　50 cm のひもを x 本に等分するとき，1本の長さは y cm になる。

☐(3)　1 L のガソリンで10 km 走る自動車が，x km 走るのに y L のガソリンを使う。

☐(4)　底辺が x cm，高さが y cm の三角形の面積は 15 cm² である。

❸ 次の比例や反比例のグラフをかきなさい。知

12点（各3点）

☐(1)　$y=-x$　　　☐(2)　$y=\dfrac{5}{4}x$　　　☐(3)　$y=\dfrac{5}{x}$　　　☐(4)　$y=-\dfrac{10}{x}$

❹ 次の問に答えなさい。知

16点（各4点）

☐(1)　y は x に比例し，$x=2$ のとき $y=12$ です。y を x の式で表しなさい。

☐(2)　y は x に比例し，$x=12$ のとき $y=-16$ です。$x=-6$ のときの y の値を求めなさい。

☐(3)　y は x に反比例し，$x=-0.5$ のとき $y=2$ です。y を x の式で表しなさい。

☐(4)　y は x に反比例し，$x=5$ のとき $y=6$ です。$x=-4$ のときの y の値を求めなさい。

❺ 次の問に答えなさい。知

12点（各3点）

☐(1)　右の図で，点 A，B の座標を答えなさい。

☐(2)　右の図の①，②のグラフについて，y を x の式で表しなさい。

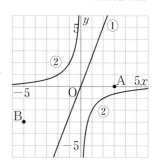

❻ 姉と妹が同時に家を出発し，家から 750 m はなれた駅に行きます。家を出発してから x 分後に，家から y m はなれた地点にいるとして，姉と妹の歩くようすをグラフに表すと，右の図のようになります。次の問に答えなさい。

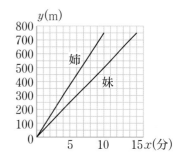

(考) 12点(各3点)

☐(1) 姉と妹の歩く速さは，分速何 m かそれぞれ求めなさい。

☐(2) 2 人が歩き始めてから 8 分後には，姉と妹は何 m はなれていますか。

☐(3) 姉が駅に着いたとき，妹は駅まであと何 m のところにいますか。

❼ 右の図で，①は $y=ax$，②は $y=\dfrac{b}{x}$ のグラフです。また，②のグラフは点 P で①のグラフと交わっています。P の x 座標が 2 のとき，次の問に答えなさい。(考) 12点(各4点)

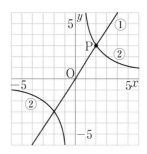

☐(1) 比例定数 a，b の値を求めなさい。

☐(2) ②のグラフ上の点で，x 座標，y 座標の値がともに整数である点はいくつありますか。

❶	(1)		(2)		(3)	
❷	(1)			(2)		
	(3)			(4)		
❸						
❹	(1)	(2)		(3)		(4)
❺	(1) A	B	(2) ①		②	
❻	(1) 姉	妹	(2)		(3)	
❼	(1) a	b	(2)			

Step 1 基本チェック ： 1節 図形の移動

15分

教科書のたしかめ [ ]に入るものを答えよう！

❶ 図形の移動 ▶教 p.156-163 Step 2 **❶-❻**

解答欄

□(1) 右の図の △A′B′C′ は，△ABC を矢印
OP の方向に OP の長さだけ[平行]
移動させたものである。このとき
　　AA′[∥]BB′[∥]CC′
　　AA′[＝]BB′[＝]CC′

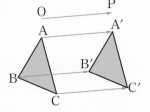

(1)

□(2) 半直線 OA，OB によってできる角を記号を
使って表すと，[∠AOB]である。

(2)

□(3) 右の図の △A′B′C′ は，△ABC を，点 O を
中心として[回転]移動させたものである。
このとき，点 O を[回転の中心]という。
また，OA＝[OA′]である。
∠AOA′ と大きさが等しい角は
[∠BOB′]，[∠COC′]

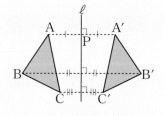

(3)

□(4) 右の図の △A′B′C′ は，△ABC を
直線 ℓ を対称の軸として対称移動さ
せたものである。このとき
　　AA′⊥[ℓ]　　AP＝[A′P]

(4)

□(5) 2直線が垂直であるとき，一方の直
線を他方の直線の[垂線]という。

(5)

□(6) 線分の中点を通り，その線分に垂直な直線を，その線分の
[垂直二等分線]という。

(6)

教科書のまとめ ＿＿＿に入るものを答えよう！

□2点 A，B を通る直線を 直線 AB ，A から B までの部分を 線分 AB ，線分 AB を B のほう
へまっすぐにかぎりなくのばしたものを 半直線 AB という。

□図形を，一定の方向に，一定の距離だけ動かす移動を 平行移動 という。

□図形を，ある点を中心として，一定の角度だけ回転させる移動を 回転移動 といい，中心とす
る点を 回転の中心 という。

□図形を，ある直線を折り目として折り返す移動を 対称移動 といい，折り目の直線を
対称の軸 という。

Step 2 予想問題 **1節 図形の移動**

1ページ
30分

【図形の移動①（平行移動）】

❶ 下の △ABC について，次の問に答えなさい。

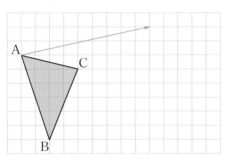

❶
(1)対応する頂点 A′，B′，C′ を見つける。

☐(1) 上の △ABC を，矢印の方向に矢印の長さだけ平行移動させてできる △A′B′C′ をかきなさい。

☐(2) 辺 AB と辺 A′B′ の間にはどのような関係がありますか。記号を使って2つ書きなさい。

（　　　　　　　）

【図形の移動②（回転移動）】

点UP

❷ 下の △ABC を，点 O を中心として時計回りに90°だけ回転移動させた △A′B′C′ をかきなさい。

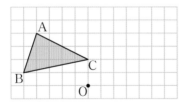

❷
それぞれの頂点と点 O を結び，OA=OA′，OB=OB′，OC=OC′ で ∠AOA′，∠BOB′，∠COC′ の大きさが 90°になるように，A′，B′，C′ をとる。

【図形の移動③（対称移動①）】

よく出る

❸ 右の図で，△PQR は，△ABC を直線 ℓ を対称の軸として対称移動させたものです。

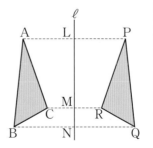

❸
対称移動では，対応する点を結ぶ線分は，対称の軸によって垂直に2等分される。

☐(1) 線分 BQ と直線 ℓ との間の関係を，記号を使って表しなさい。

（　　　　　　　）

☐(2) 線分 CR と線分 CM の間の長さの関係を，記号を使って表しなさい。

（　　　　　　　）

【図形の移動④（対称移動②）】

❹ 次の(1)，(2)を，直線 ℓ を対称の軸として対称移動させた図形をかきなさい。

□(1)

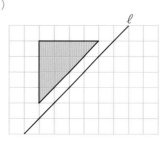

□(2)

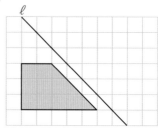

❹
まず，図形の頂点から対称の軸に垂線をひく。次に，その垂線が，直線 ℓ によって，垂直に2等分されるような頂点をとる。

📄 テスト得ダネ
対称移動させた図形がかけたとして，頂点の位置関係を考えてみよう。

【図形の移動⑤（移動の組み合わせ）】

❺ 右の図は，△ABC を移動して，△PQR の位置に移したところを示しています。どのような移動の組み合わせをしましたか。

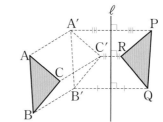

❺
△ABC を移動させて，△A′B′C′ に重ね合わせている。
→ AA′，BB′，CC′ の関係を考える。
△A′B′C′ を移動させて，△PQR に重ね合わせている。

(　　　　　　　　　　　　)

【図形の移動⑥】

❻ 右の図の正方形 ABCD で，点 P，Q，R，S は各辺の中点，点 O は対角線の交点です。次の問に答えなさい。

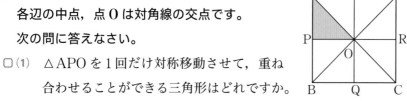

□(1) △APO を1回だけ対称移動させて，重ね合わせることができる三角形はどれですか。すべて書きなさい。

❻
(1)対称の軸がどの線分になるかを考える。
(2)点 O を中心として，反時計回りに90°，180°，270°回転させたときを考える。

(　　　　　　　　　　　　)

□(2) △APO を，点 O を中心として回転移動させて，重ね合わせることができる三角形はどれですか。すべて書きなさい。

(　　　　　　　　　　　　)

[解答 ▶ p.23]

Step 1 | 基本チェック | 2節 基本の作図　3節 おうぎ形

15分

教科書のたしかめ　[　]に入るものを答えよう！

2節 ❶ 作図のしかた　▶教 p.166　Step 2 ❶

解答欄

□(1)　右の図で，⑦を［ 弧 AB ］，⑦を［ 弦 AB ］という。

(1)

2節 ❷ 基本の作図　▶教 p.167-174　Step 2 ❷-❹

□(2)　交わる 2 つの円の中心を通る直線と，2 つ
　　　の円の交点を通る直線は，［ 垂直 ］の関係
　　　にある。

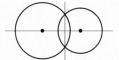

(2)

□(3)　直線 ℓ 上にない点 P から直線 ℓ への垂線の作図
　　　① ℓ 上に適当な 2 点 A，B をとる。
　　　② 点 A を中心として半径［ AP ］の円をかく。
　　　③ 点 B を中心として半径［ BP ］の円をかく。
　　　④ 2 つの円の［ 交点 ］を通る直線をひく。

(3)

□(4)　∠AOB の二等分線の作図
　　　① 角の頂点［ O ］を中心とする円をかき，
　　　　角の 2 辺との交点を C，D とする。
　　　② C，D を中心として［ 等しい ］半径の
　　　　円をかき，その交点を E とする。
　　　③ 半直線［ OE ］をひく。

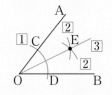

(4)

2節 ❸ いろいろな作図　▶教 p.175-176　Step 2 ❺-❼

□(5)　円 O の周上の点 A を通る接線の作図
　　　円の接線は，接点を通る半径に垂直であるから，
　　　［ 点 A ］を通り，［ OA ］に垂直な直線をひく。

(5)

3節 ❶ おうぎ形　▶教 p.180-181　Step 2 ❽

□(6)　半径 10 cm，中心角 90°のおうぎ形の弧の長さは

(6)

$$2\pi \times 10 \times \frac{[\ 90\ ]}{360}\ (cm)\quad 面積は\quad \pi \times 10^2 \times \frac{[\ 90\ ]}{360}\ (cm^2)$$

教科書のまとめ　＿＿に入るものを答えよう！

□ 線分 AB の，両端の点 A，B が重なるように折ったときの折り目の線は，線分 AB の
　 垂直二等分線 である。

□ 角の二等分線上の点から角の 2 辺までの 距離 は等しい。

□ 円の 接線 は，接点を通る半径に 垂直 である。

5章

Step 2 予想問題 ・ **2節 基本の作図**
・ **3節 おうぎ形**

1ページ
30分

【作図のしかた】

❶ 3辺 AB，BC，CA が，右の図に
□ 示された長さとなるような △ABC
を作図しなさい。

A———————B

B————————C

C———————————A

ヒント

❶
コンパスを使って，線
分の長さをうつしとる。

✕ ミスに注意
作図のときにかいた
線は消さないでおこ
う。

【基本の作図①（垂線の作図）】

よく出る
❷ 右の図の △ABC で，次の垂線を
作図しなさい。

□(1)　点 A から辺 BC への垂線

□(2)　点 D を通る辺 BC の垂線

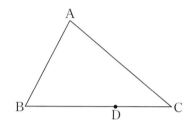

❷
垂線の作図は，直線上
にない点を通るものと，
直線上にある点を通る
ものの2通りある。
(2)辺 BC を ∠BDC と
みて，角の二等分線を
利用して作図する。

✕ ミスに注意
直線上にある点を通
る垂線と，線分の垂
直二等分線をまちが
えないようにしよう。

【基本の作図②（垂直二等分線の作図）】

よく出る
❸ 右の図の △ABC で，辺 AB の中点を
□ M，辺 AC の中点を N として，線分
MN を作図しなさい。

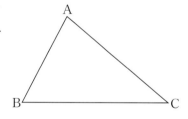

❸
線分の中点は，線分の
垂直二等分線を作図し，
線分との交点を中点と
する。

【基本の作図③（角の二等分線の作図）】

よく出る
❹ 右の図の △ABC で，∠A，∠B，
□ ∠C の二等分線を作図しなさい。

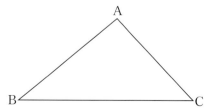

❹
∠A，∠B，∠C の二
等分線は1点で交わる。

【いろいろな作図①】

5 ∠AOB＝90°のとき，∠COB＝75°となる角を
作図しなさい。

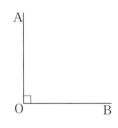

5
正三角形 DOB をかき，
∠AOD の二等分線
OC をかけばよい。

【いろいろな作図②】

6 円 O の周上の点 A を通る接線を作図しなさい。

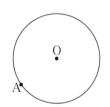

6
円の接線は，接点を通
る半径に垂直である。

【いろいろな作図③】

7 次の問に答えなさい。

(1) 右の図で，直線 ℓ 上にあり，
2 点 A と B を通る円の中心 P
を，作図によって求めなさい。

ℓ

7
(1) 2 点 A，B からの距
離が等しい ℓ 上の点
が P である。
(2) 3 点 A，B，C から
の距離が等しい点が
円の中心である。

(2) 右の図の 3 点 A，B，C を通る
円を作図しなさい。

A

B

C

テスト得ダネ

「2 点 A，B からの
距離が等しい点は，
線分 AB の垂直二
等分線上にある。」と
いう性質を利用した
作図の問題はよく出
るよ。この性質を
しっかりおぼえてお
こう。

【おうぎ形】

8 右の図のおうぎ形について，次の問に答えなさい。

(1) 弧の長さを求めなさい。

150°

6 cm

(　　　　　)

(2) 面積を求めなさい。

(　　　　　)

8
中心角を a°とすると，
おうぎ形の弧の長さ，
おうぎ形の面積はそれ
ぞれ円周，円の面積の
$\frac{a}{360}$ 倍である。

Step 3 **予想テスト** ： **5章 平面図形**

30分　／100点　目標 80点

❶ 右の図のように，4点 A，B，C，D があります。次の線を
ひきなさい。（知）　18点（各6点）

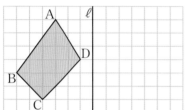

☐(1)　直線 AB　　　☐(2)　線分 DB　　　☐(3)　半直線 CA

❷ 次の図形をかきなさい。（知）　16点（各8点）

☐(1)　四角形 ABCD を，直線 ℓ を対称の軸と
して対称移動させた四角形 A′B′C′D′

☐(2)　△ABC を，点 O を中心として
180°だけ回転移動させた △A′B′C′

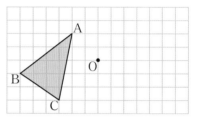

❸ 右の図は合同な8つの二等辺三角形を組み合わせたものです。次
の問に答えなさい。（知）　18点（各6点）

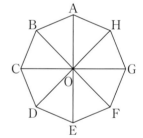

☐(1)　△ABO を1回だけ対称移動させて △GFO に重ね合わせる
ときの対称の軸を答えなさい。

☐(2)　△CDO を，点 O を中心として反時計回りに回転移動させて
△FGO に重ね合わせるには，何度回転させればよいですか。

☐(3)　△CDO を，点 O を中心として時計回りに回転移動させて △EFO に重ね合わせるには，
何度回転させればよいですか。

❹ 次の作図をしなさい。（知）　20点（各10点）

☐(1)　△ABC の，∠B の二等分線上にあり，
頂点 A から辺 BC への垂線上にある点 P

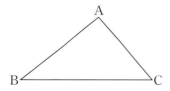

☐(2)　長方形 ABCD の紙を，頂点 A が
頂点 C に重なるように折ったとき
の折り目の線分

❺ 右の図で，直線 ℓ 上の点 A に接し，点 B を通る円の中心 O を，作図によって求めなさい。**考**　　10点

❻ 右の図のおうぎ形について，次の問に答えなさい。**知**　　18点(各9点)

□(1)　弧の長さを求めなさい。

□(2)　面積を求めなさい。

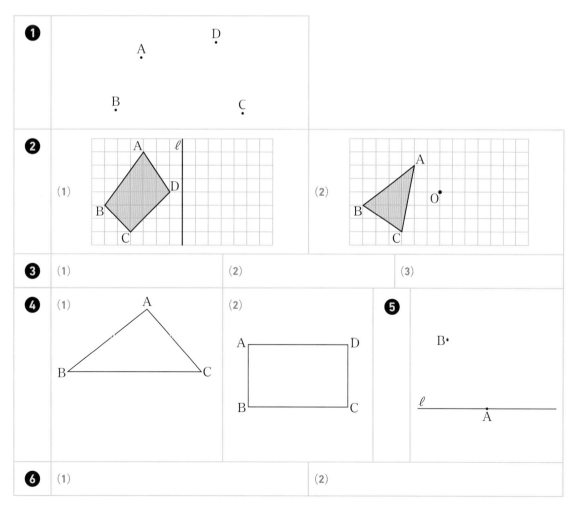

Step 1 基本チェック　1節 いろいろな立体　2節 立体の見方と調べ方　⏱ 15分

教科書のたしかめ　[　]に入るものを答えよう!

1節 ❶ いろいろな立体　▶教 p.190-192　Step 2 ❶

□(1) 正多面体には，正四面体，正六面体，正[八]面体，正十二面体，正[二十]面体の[5]種類がある。

2節 ❶ 直線や平面の位置関係　▶教 p.194-199　Step 2 ❷❸

□(2) 右の図の直方体で，辺 AE と平行な辺は，辺[BF, CG, DH]で，辺 AE と交わる辺は，辺[AB, AD, EF, EH]であるから，辺 AE とねじれの位置にある辺は，辺[BC, CD, FG, GH]である。

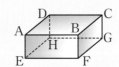

2節 ❷ 面の動き　▶教 p.200-202　Step 2 ❹❺

□(3) 長方形，直角三角形を，直線 ℓ を軸として1回転してできる立体は，それぞれ，[円柱]，[円錐]である。

2節 ❸ 立体の展開図　▶教 p.203-205　Step 2 ❻

□(4) 右の図の展開図は，正四角錐の側面の辺[OC, AB, BC, CD]で切り開いたものである。

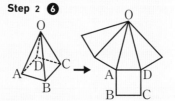

2節 ❹ 立体の投影図　▶教 p.206-207　Step 2 ❼

□(5) 右の投影図は，
①[三角柱]
②[円錐]
③[球]である。

解答欄

(1)

(2)

(3)

(4)

(5)

. . . .

教科書のまとめ　＿＿に入るものを答えよう!

□ 平面だけで囲まれた立体を 多面体 という。また，どの面もすべて合同な正多角形で，どの頂点にも面が同じ数だけ集まっている，へこみのないものを 正多面体 という。

□ 空間内で，平行でなく交わらない2つの直線は，ねじれの位置 にあるという。

□ 円柱や円錐は，それぞれ長方形や直角三角形を空間で回転させてできた立体と考えることができる。このとき，円柱や円錐の側面をえがく辺を，円柱や円錐の 母線 といい，1つの直線を軸として平面図形を回転させてできる立体を 回転体 という。

□ 立体をある方向から見て平面に表した図を 投影図 という。

Step
2　予想問題　：　**1節　いろいろな立体**
　　　　　　　　：　**2節　立体の見方と調べ方**

1ページ
30分

【いろいろな立体】

❶ 次の問に答えなさい。

(1)　次の⑦～⑦のうち，①～④にあてはまるものをすべて答えなさい。

　　⑦　三角錐　　　⑦　立方体　　　⑦　円柱　　　⑦　円錐　　　⑦　球

　　□①　多面体である立体　　　　　□②　底面が円である立体

　　　　　（　　　　　　　　　）　　　　　　　（　　　　　　　　　）

　　□③　どの方向から見ても円である立体　　（　　　　　　　　　）

　　□④　正八面体の各面の真ん中の点を結ぶとできる立体

　　　　　　　　　　　　　　　　　　　　　（　　　　　　　　　）

□(2)　下の表の空らんをうめて，表を完成させなさい。

	面の形	面の数	辺の数	頂点の数
正四面体	正三角形	4		
正八面体		8		6
正十二面体		12	30	

【直線や平面の位置関係①】

❷ 右の図の立方体について，次の問に答えなさい。

□(1)　辺 AB と垂直な面を答えなさい。

　　　　　　　　　（　　　　　　　　　　　　　）

□(2)　面 ABCD と平行な辺を答えなさい。

　　　　　　　　　（　　　　　　　　　　　　　）

□(3)　対角線 BH とねじれの位置にある辺を答えなさい。

　　　　　　　　　（　　　　　　　　　　　　　）

【直線や平面の位置関係②】

❸ 平行な2平面 P，Q に別の平面 R が交わってできる2つの交線をそ
　れぞれ ℓ，m とします。点 A，B はそれぞ
　れ直線 ℓ，m 上の点であり，点 C は平面
　Q 上の点です。次の問に答えなさい。

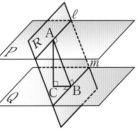

□(1)　直線 ℓ，m の関係を，記号を使って表
　　　しなさい。　　（　　　　　　　　　）

□(2)　2平面 P，Q の距離を表す線分はどれ
　　　ですか。

　　　　　　　　　　　　　　　（　　　　　　　　　）

ヒント

❶

(1)平面だけで囲まれた
立体かどうか，底面
はどんな形かなど考
えてみる。

④正八面体

(2)

テスト得ダネ

(面の数)－(辺の数)
＋(頂点の数)＝2
が成り立つ。

❷

立方体の辺は垂直に交
わっている。

(3)対角線 BH と平行な
辺はない。

ミスに注意

辺と面が平行である
とは，辺と面が交わ
らないということだ
から，ある面上にあ
る辺は，その面と平
行ではないね。

❸

(2)2平面 P，Q が平行
のとき，平面 P 上
の1つの点から平面
Q にひいた垂線の長
さが2平面の距離で
ある。

【面の動き①】

❹ 次の⑦〜⑦のうち，(1)，(2)にあてはまるものをすべて答えなさい。

⑦　五角柱　　⑦　正八面体　　⑦　球　　⑦　円錐　　⑦　円柱

□(1)　平面図形をその面と垂直な方向に移動させてできた立体

（　　　　　　　）

□(2)　平面図形を回転させてできた立体

（　　　　　　　）

【面の動き②】

❺ 次の平面図形を直線 ℓ を軸として回転させてできる立体の見取図を
かきなさい。

□(1)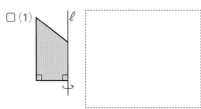

□(2)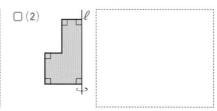

【立体の展開図】

点UP

❻ 右の図の円錐の展開図について，側面に
なるおうぎ形の中心角を求めなさい。

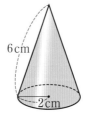

（　　　　　　　）

【立体の投影図】

よく出る

❼ 次の投影図は，五角柱，三角錐，円柱，半球のうち，どの立体を表し
たものですか。

□(1)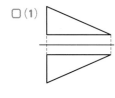

□(2)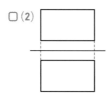

□(3)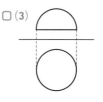

（　　　　）　　（　　　　）　　（　　　　）

ヒント

❹
各立体の見取図をかい
て考えてみるとよい。

❺
回転体を，回転の軸
（直線 ℓ）をふくむ平面
で切ると，その切り口
は，回転の軸を対称の
軸とする線対称な図形
になることから考える。

❻
円錐の展開図

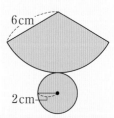

同じ円のおうぎ形の弧
の長さは，中心角に比
例する。

❼
平面図と立面図から，
どの位置に，どのよう
に置いているかを考え
る。

［解答 ▶ p.28］

Step 1 基本チェック : 3節 立体の体積と表面積

15分

教科書のたしかめ 　[　]に入るものを答えよう！

① 体積 ▶教 p.210-212 Step 2 ❶❷

解答欄

□(1) 底面が1辺5 cm の正方形で，高さが8 cm の正四角柱の体積は

$$5×5×[\ 8\ ]=[\ 200\ ]\,(cm^3)$$

(1)

□(2) 右の三角形を辺 AC を軸として回転させて
できる立体の体積を求めなさい。

$$\frac{1}{3}×π×[\ 3^2\ ]×2=[\ 6π\ ]\,(cm^3)$$

(2)

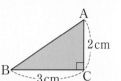

A
2 cm
B ──3cm── C

② 表面積 ▶教 p.213-214 Step 2 ❸-❺

□(3) 底面の半径が4 cm，高さが5 cm の円柱の表面積を求めなさい。

側面積は　$5×(2π×4)=[\ 40π\ ]\,(cm^2)$

底面積は　$π×4^2=[\ 16π\ ]\,(cm^2)$

表面積は　$40π+16π×[\ 2\ ]=[\ 72π\ ]\,(cm^2)$

(3)

□(4) 底面の半径が3 cm，母線が5 cm の円錐の表面積を求めなさい。

側面になるおうぎ形の中心角は　$360°×\dfrac{6π}{10π}=[\ 216°\ ]$

表面積は　$π×5^2×\dfrac{216}{360}+π×[\ 3^2\ ]=[\ 24π\ ]\,(cm^2)$

(4)

③ 球の体積と表面積 ▶教 p.215-217 Step 2 ❻

□(5) 半径6 cm の球の体積は　$\dfrac{4}{3}π×6^3=[\ 288π\ ]\,(cm^3)$

表面積は　$4π×6^2=[\ 144π\ ]\,(cm^2)$

(5)

6章

教科書のまとめ 　＿＿に入るものを答えよう！

□角柱，円柱の底面積を S，高さを h とすると，体積 V を求める式は，$V=Sh$ となる。

□角錐，円錐の底面積を S，高さを h とすると，体積 V を求める式は，$V=\dfrac{1}{3}Sh$ となる。

□立体のすべての面の面積の和を 表面積 という。また，側面全体の面積を 側面積，1つの底面の面積を 底面積 という。

□右の三角柱の展開図で，底面となる部分は，㋐と㋔，
側面となる部分は，㋑，㋒，㋓になる。
表面積は，㋐×2と㋑＋㋒＋㋓の面積の和である。

□半径 r の球の体積を V とすると，$V=\dfrac{4}{3}πr^3$，表面積を S とすると，$S=4πr^2$ である。

Step 2 予想問題 ： **3節 立体の体積と表面積**

【体積①】

1 次の立体の体積を求めなさい。

□(1)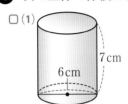

□(2)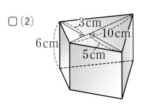

( ) ( )

□(3)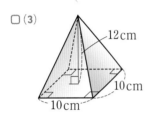

□(4)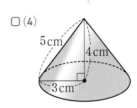

( ) ( )

【体積②】

2 次の平面図形を，直線 ℓ を軸として回転させてできる立体の体積を求めなさい。

□(1)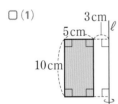

□(2)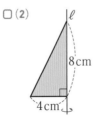

( ) ( )

【表面積①】

3 次の立体の表面積を求めなさい。

□(1)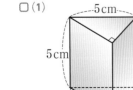

□(2)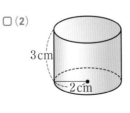

( ) ( )

💡**ヒント**

1
(2)底面積は，2つの三角形の面積の和になる。
(3)底面の1辺が10 cm，高さが12 cmの正四角錐である。

📋**テスト得ダネ**
立体の表面積と体積を求める問題はよく出るよ。基本の公式をしっかりおぼえておこう。

2
回転させてできる立体は，直線 ℓ を対称の軸とする線対称な図形を考える。
(1)底面の円の半径が8 cmの円柱から底面の円の半径が3 cmの円柱をのぞいた立体になる。

3
(1)(2)展開図にしたとき，側面の長方形の横の長さは，底面の周の長さと等しい。

[解答 ▶ p.29]

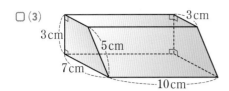

□(3)

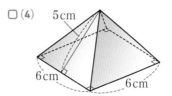

□(4)

(3)底面が台形の四角柱
である。

(4)底面が1辺6cmの
正四角錐である。

( )   ( )

【表面積②】

❹ 右の図の円錐について，次の問に答えなさ
い。

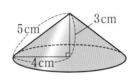

□(1) 側面積を求めなさい。

□(2) 底面積を求めなさい。

□(3) 表面積を求めなさい。

❹
まず，展開図の側面に
なるおうぎ形の中心角
を求める。
半径 r，中心角 $a°$ のお
うぎ形の面積 S は
$$S = \pi r^2 \times \frac{a}{360}$$

( )

( )

( )

【表面積③】

❺ 右の図のような円柱の形をしたローラー
□ で，ペンキを塗ります。ローラー1回転
でどれだけの面積にペンキを塗れますか。

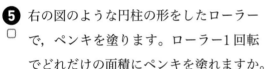

❺
ローラー1回転で，円
柱の側面積と同じ面積
だけペンキが塗れる。

( )

【球の体積と表面積】

❻ 次の問に答えなさい。

□(1) 半径9cmの球の体積と表面積を求めなさい。

(体積   表面積   )

□(2) 直径6cmの半球の体積と表面積を求めなさい。

(体積   表面積   )

❻
半径 r の球の体積を V，
表面積を S とすると
$$V = \frac{4}{3}\pi r^3$$
$$S = 4\pi r^2$$
(3)半径4cmの半球に
なる。

□(3) 右のおうぎ形を，AOを軸として回転させて
できる立体の体積と表面積を求めなさい。

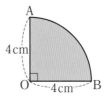

(体積   表面積   )

| Step 3 | 予想テスト | | 6章 空間図形 | 30分 | ／100点
目標 80点 |

❶ 右の図の直方体について，次のものをすべて答えなさい。**知**　　10点(各2点)

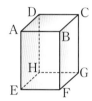

- □(1)　面 AEHD と平行な面
- □(2)　辺 AD と平行な辺
- □(3)　面 ABCD と垂直な辺
- □(4)　辺 BF とねじれの位置にある辺
- □(5)　対角線 DF とねじれの位置にある辺

❷ 次の問に答えなさい。**知**　　16点(各4点)

(1)　右の図の立方体と，その展開図について，次の問に答えなさい。

- □①　展開図に，残りの頂点の記号をすべてかき入れなさい。
- □②　この立方体に辺 BF，CG のどちらも通るようにして，点 A から H までひもをかけます。ひもの長さをもっとも短くするには，どのようにかければよいですか。ひものようすを，展開図にかき入れなさい。

(2)　右の図の正八面体の展開図について，次の問に答えなさい。

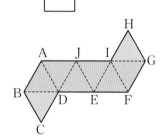

- □①　組み立てると点 A と重なる点はどれですか。
- □②　辺 EF と重なる辺はどれですか。

❸ 次の投影図は，どんな立体を表していますか。また，その体積を求めなさい。**知**

24点(各4点)

- □(1)　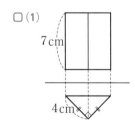　7cm　4cm
- □(2)　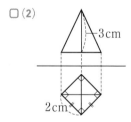　3cm　2cm
- □(3)　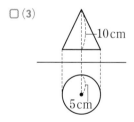　10cm　5cm

❹ 次の問に答えなさい。**知**　　20点(各4点)

- □(1)　底面の1辺が5cm，高さが8cmである正四角柱の表面積を求めなさい。
- □(2)　底面の円周が 3π cm，母線の長さが4cmである円錐の表面積を求めなさい。
- □(3)　直径が10cmの球の体積と表面積を求めなさい。
- □(4)　底面の半径が3cm，高さが6cmの円柱の体積と，半径が3cmの半球の体積の比を，もっとも簡単な整数の比で表しなさい。

❺ 右の図の台形 ABCD を，辺 AD を軸として回転させてできる立体について，次の問に答えなさい。**知** 　　　　　　　　　10点(各5点)

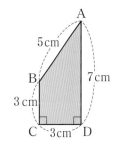

☐(1)　表面積を求めなさい。

☐(2)　体積を求めなさい。

❻ 右の図は，1 辺が 4 cm の立方体で M，N はそれぞれ辺 AB，BC の中点です。この立方体を 3 点 M，N，F を通る平面で切り，点 B をふくまないほうの立体について考えます。次の問に答えなさい。**考**

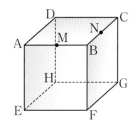

20点(各10点)

☐(1)　この立体の体積を求めなさい。

☐(2)　解答欄の図は，この立体の投影図をかいたものです。立面図にかき加えて，投影図を完成させなさい。

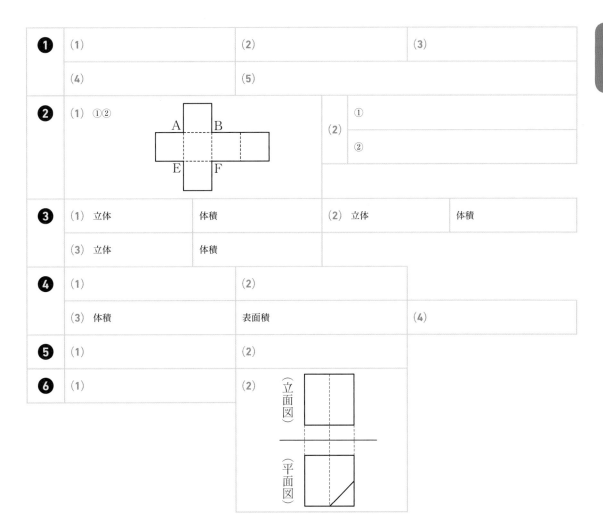

Step 1　基本チェック

- 1節 データの整理と分析
- 2節 データの活用
- 3節 ことがらの起こりやすさ

15分

教科書のたしかめ　[ ]に入るものを答えよう！

1節 ❶ データの分布の見方　▶ 教 p.224-229　Step 2 ❶

解答欄

□(1)　下の表は，あるクラスの通学時間の度数分布表である。5分以上　(1)
10分未満の階級の累積度数は[9]人である。

記録(分)	度数(人)	累積度数(人)
以上　未満		
0〜5	3	3
5〜10	6	
10〜15	7	16
15〜20	11	27
20〜25	3	30
合計	30	

□(2)　上の表で，20分以上25分未満の階級の相対度数は　(2)
$\dfrac{[3]}{30} = [0.1]$である。

□(3)　上の表で，15分以上20分未満の階級の累積相対度数は　(3)
$\dfrac{[27]}{30} = [0.9]$である。

1節 ❷ データの分布の特徴の表し方　▶ 教 p.230-231　Step 2 ❷

□(4)　上の表で，最頻値(モード)は[17.5]分である。　(4)

□(5)　30個のデータを小さい順に並べたとき，15番目が58g，16番目　(5)
が60gであるとき，中央値は[59]gである。

2節 ❶ データの活用　▶ 教 p.233-234

3節 ❶ 起こりやすさの表し方　▶ 教 p.236-239　Step 2 ❸

□(6)　ペットボトルのふたを2000回投げたころ，表向きになったのは　(6)
520回であった。表向きになる確率は[0.26]といえる。

教科書のまとめ　＿＿に入るものを答えよう！

□ 各階級について，最初の階級からその階級までの度数を合計したものを，累積度数という。

□ 度数の分布を長方形のグラフで表したものをヒストグラム(柱状グラフ)という。

□ 各階級の度数の，度数の合計に対する割合を相対度数という。

□ データの特徴を1つの数値で代表させたものを代表値といい，個々のデータの値の合計を
データの総数でわった値を平均値，データの値を大きさの順に並べたときの中央の値を
中央値(メジアン)，度数分布表で度数のもっとも多い階級の階級値を最頻値(モード)という。

| Step 2 | 予想問題 | 1節 データの整理と分析
2節 データの活用
3節 ことがらの起こりやすさ | 1ページ 30分 |

【データの分布の見方】

よく出る

❶ 下の表は，あるバスケットボール部の女子 20 人の垂直とびの記録を度数分布表にまとめたものです。次の問に答えなさい。

記録(cm)	度数(人)	累積度数(人)
以上　未満		
36〜40	2	
40〜44	3	
44〜48	6	
48〜52	5	
52〜56	3	
56〜60	1	
合計	20	

□(1)　累積度数のらんをうめなさい。

□(2)　48 cm 以上 52 cm 未満の階級の相対度数を求めなさい。

（　　　　　　　　）

□(3)　44 cm 以上 48 cm 未満の階級の累積相対度数を求めなさい。

（　　　　　　　　）

【データの分布の特徴の表し方】

よく出る

❷ 右の図は，あるクラスの 5 点満点の小テストの結果です。次の問に答えなさい。

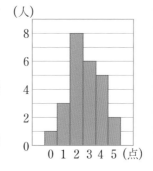

□(1)　中央値を求めなさい。

（　　　　　　　　）

□(2)　最頻値を求めなさい。

（　　　　　　　　）

□(3)　平均値を求めなさい。

（　　　　　　　　）

【起こりやすさの表し方】

❸ あるびんのふたを 1800 回投げたところ，表が 612 回出ました。このふたを 2500 回投げるとき，表が出る確率はいくらと考えられますか。

（　　　　　　　　）

💡ヒント

❶
(1)度数を上から順に，2，2+3，2+3+6，…のようにたしていく。

(2)(相対度数)
$= \dfrac{(その階級の度数)}{(度数の合計)}$

(3)累積相対度数は，累積度数を利用して求めてもよい。

📋テスト得ダネ
累積相対度数は，累積度数を度数の合計でわって求めることもできる。

❷
(1)まず，全体の人数を求め，中央の値が何番目の値なのかを求める。

(3)(平均値)
$= \dfrac{(データの値の合計)}{(データの総数)}$

❸
表の出る割合は，1800 回投げたときと 2500 回投げたときで等しいと考える。

7章

Step 3 予想テスト　7章 データの分析と活用

⏱ 20分　　／50点　目標 40点

❶ 右の図は，あるサッカー部の部員 18 人が，1 人 5 回のシュート練習をした結果について，入ったシュートの回数とその人数を表したものです。次の問に答えなさい。知　　　*12 点(各 6 点)*

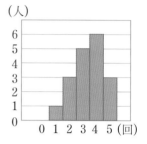
(人)

□(1)　中央値を求めなさい。

□(2)　平均値を，小数第 2 位を四捨五入して求めなさい。

❷ 下の表は，農家 A と農家 B でとれた卵の重さをはかった結果です。また，図は農家 B の相対度数を折れ線に表したものです。次の問に答えなさい。知　　　*30 点(各 6 点)*

表

重さ (g)	農家 A		農家 B	
	度数 (個)	相対度数	度数 (個)	相対度数
以上　　未満 50 ～ 54	13	0.26	12	0.12
54 ～ 58	15	0.30	18	0.18
58 ～ 62	12	0.24	25	0.25
62 ～ 66	7	0.14	31	0.31
66 ～ 70	3	㋐	14	0.14
合計	50	1.00	100	1.00

図

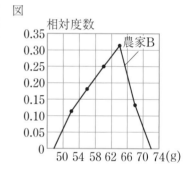
相対度数

□(1)　㋐に入る数を求めなさい。

□(2)　農家 A の相対度数を折れ線に表しなさい。

□(3)　農家 A で，54 g 以上 58 g 未満の階級の累積度数を求めなさい。

□(4)　農家 B で，54 g 以上 58 g 未満の階級の累積相対度数を求めなさい。

□(5)　農家 A と農家 B の相対度数を比べて，どのような特徴があるか書きなさい。

❸ 洋服のボタンを 2000 回投げたところ，表が出た回数の相対度数は 0.53 でした。このボタンを投げるとき，裏が出る確率はいくらと考えられますか。考　　　*8 点*

❶	(1)		(2)	
❷	(1)	(2) 上の図にかきなさい。	(3)	(4)
	(5)		❸	

❶ ／12点　❷ ／30点　❸ ／8点

［解答 ▶ p.32］

成績評価の観点　知…数量や図形などについての知識・技能　考…数学的な思考・判断・表現

テスト前 ☑️ やることチェック表

① まずはテストの目標をたてよう。頑張ったら達成できそうなちょっと上のレベルを目指そう。
② 次にやることを書こう（「ズバリ英語〇ページ，数学〇ページ」など）。
③ やり終えたら□に✔を入れよう。
　最初に完ぺきな計画をたてる必要はなく，まずは数日分の計画をつくって，
　その後追加・修正していっても良いね。

	目標

	日付	やること1	やること2
2週間前	／	☐	☐
	／	☐	☐
	／	☐	☐
	／	☐	☐
	／	☐	☐
	／	☐	☐
	／	☐	☐
1週間前	／	☐	☐
	／	☐	☐
	／	☐	☐
	／	☐	☐
	／	☐	☐
	／	☐	☐
	／	☐	☐
テスト期間	／	☐	☐
	／	☐	☐
	／	☐	☐
	／	☐	☐
	／	☐	☐

QRコードのページに登録すると，「ぴたリンク」からも表をダウンロードできるよ

テスト前 ☑ やることチェック表

① まずはテストの目標をたてよう。頑張ったら達成できそうなちょっと上のレベルを目指そう。
② 次にやることを書こう（「ズバリ英語〇ページ，数学〇ページ」など）。
③ やり終えたら◻に✔を入れよう。
　　最初に完ぺきな計画をたてる必要はなく，まずは数日分の計画をつくって，
　　その後追加・修正していっても良いね。

目標

	日付	やること1	やること2
2週間前	／	◻	◻
	／	◻	◻
	／	◻	◻
	／	◻	◻
	／	◻	◻
	／	◻	◻
	／	◻	◻
1週間前	／	◻	◻
	／	◻	◻
	／	◻	◻
	／	◻	◻
	／	◻	◻
	／	◻	◻
	／	◻	◻
テスト期間	／	◻	◻
	／	◻	◻
	／	◻	◻
	／	◻	◻
	／	◻	◻

東京書籍版 数学1年　┃　定期テスト ズバリよくでる　┃　**解答集**

1章 正負の数

1節 正負の数

p.3　**Step ②**

❶ $-10\,℃$

解き方 $0\,℃$ を基準にして，それより低い温度は $-$ を使って表す。

❷ (1) $+4$　　　　　(2) -1，-3

解き方 (1) 自然数は，1，2，3，…のような正の整数のことである。

(2) 整数には，正の整数，0，負の整数がある。

負の数 -1，-0.3，-3 のうち，-0.3 は負の整数ではない。

❸ (1) -500 円　　　　(2) $+4$ 点

解き方 反対の性質をもつ量は，正の数，負の数を使って表すことができる。

(1) 利益を正の数で表すから，反対の性質をもつ損失は，負の数で表す。

(2) 平均点より低い 72 点を，負の数で表しているから，平均点より高い得点は正の数で表す。82 点は，平均点より，$82-78=4$(点)高いから，$+4$ 点と表す。

❹ A…$+3$　　　B…$+0.5$　　　C…-3.5

解き方 0 より右側に正の数，左側に負の数が対応している。1目もりは 0.5 である。

❺ (1) $-15 < -7$　　　(2) $-5 < -2 < +4$

解き方 数直線上で，右にある数ほど大きく，左にある数ほど小さい。

(1) 数直線上で，-7 は -15 より右にあるから，-7 のほうが大きい。

(2) 正の数は負の数より大きいから，$+4$ がいちばん大きい。

また，数直線上で，-5 は -2 より左にあるから

$-5 < -2$

これらをまとめて　$-5 < -2 < +4$

❻ -9 と $+9$，$+\dfrac{3}{5}$ と -0.6

解き方 分数と小数を，どちらかにそろえて考える。

$+\dfrac{3}{5}=+0.6$　　　$+\dfrac{2}{5}=+0.4$

2節 加法と減法

p.5-6　**Step ②**

❶ (1) $+12$　　　　　(2) -11

　 (3) -19　　　　　(4) $-\dfrac{6}{7}$

解き方 (1) $(+4)+(+8)$

$=+(4+8)=+12$

(2) $(-8)+(-3)$

$=-(8+3)$

$=-11$

(3) $(-10)+(-9)$

$=-(10+9)$

$=-19$

(4) $\left(-\dfrac{2}{7}\right)+\left(-\dfrac{4}{7}\right)$

$=-\left(\dfrac{2}{7}+\dfrac{4}{7}\right)$

$=-\dfrac{6}{7}$

❷ (1) 0　　　　　(2) 0

　 (3) -8　　　　(4) -17

解き方 (1)，(2) 絶対値の等しい異符号の 2 つの数の和は，0 である。

(3) どんな数に 0 を加えても，和ははじめの数になる。

(4) 0 にどんな数を加えても，和は加えた数になる。

❸ (1) -2　　　　(2) $+2$

(3) -2.8 (4) $-\dfrac{1}{24}$

解き方 (1) $(-5)+(+3)$

$=-(5-3)=-2$

(2) $(+12)+(-10)$

$=+(12-10)=+2$

(3) $(+3.6)+(-6.4)$

$=-(6.4-3.6)=-2.8$

(4) $\left(+\dfrac{1}{3}\right)+\left(-\dfrac{3}{8}\right)$

$=\left(+\dfrac{8}{24}\right)+\left(-\dfrac{9}{24}\right)$

$=-\left(\dfrac{9}{24}-\dfrac{8}{24}\right)$

$=-\dfrac{1}{24}$

❹ (1) -7 (2) 0

解き方 (1) 加法の交換法則を使う。

(2) 加法の結合法則を使う。

$(-6)+(-13)+(+13)=(-6)+0$

❺ (1) -3 (2) -5

   (3) $+10$ (4) -11

解き方 減法は，加法になおしてから計算する。

ひく数の符号を変えて加えればよい。

(1) $(-5)-(-2)$

$=(-5)+(+2)$

$=-(5-2)=-3$

(2) $(+7)-(+12)$

$=(+7)+(-12)$

$=-(12-7)$

$=-5$

(3) $(+7)-(-3)$

$=(+7)+(+3)$

$=+(7+3)=+10$

(4) $(-3)-(+8)$

$=(-3)+(-8)$

$=-(3+8)=-11$

❻ (1) $+4.8$ (2) 0

(3) $-\dfrac{3}{5}$ (4) $-\dfrac{43}{36}$

解き方 (1) $(+1.2)-(-3.6)$

$=(+1.2)+(+3.6)$

$=+(1.2+3.6)=+4.8$

(2) $(-2.4)-(-2.4)$

$=(-2.4)+(+2.4)=0$

(3) $\left(+\dfrac{1}{5}\right)-\left(+\dfrac{4}{5}\right)$

$=\left(+\dfrac{1}{5}\right)+\left(-\dfrac{4}{5}\right)$

$=-\left(\dfrac{4}{5}-\dfrac{1}{5}\right)=-\dfrac{3}{5}$

(4) $\left(-\dfrac{5}{12}\right)-\left(+\dfrac{7}{9}\right)$

$=\left(-\dfrac{5}{12}\right)+\left(-\dfrac{7}{9}\right)$

$=-\left(\dfrac{15}{36}+\dfrac{28}{36}\right)=-\dfrac{43}{36}$

❼ (1) -8, $+13$, -4

   (2) $+15$, -6, -7, $+5$

解き方 加法だけの式になおして考える。

(1) $-8+13-4$

$=(-8)+(+13)+(-4)$

(2) $15-6-7+5$

$=(+15)+(-6)+(-7)+(+5)$

❽ (1) $-6-3+5$ (2) $-7+3+9$

解き方 (1) かっこと加法の記号 $+$ をはぶく。

(2) まず，加法だけの式になおし，かっこと加法の記号 $+$ をはぶく。

$(-7)-(-3)+9$

$=(-7)+(+3)+(+9)$

❾ (1) 6 (2) -36

   (3) $-\dfrac{2}{7}$ (4) $-\dfrac{1}{3}$

解き方 (1) $(-9)+(+12)-(-3)$

$=-9+12+3$

$=-9+15=6$

(2) $17-28+12-37$

$=17+12-28-37$

$=29-65=-36$

(3)$\left(+\dfrac{3}{7}\right)+\left(-\dfrac{1}{7}\right)-\left(+\dfrac{4}{7}\right)$

$=\dfrac{3}{7}-\dfrac{1}{7}-\dfrac{4}{7}$

$=\dfrac{3}{7}-\dfrac{5}{7}=-\dfrac{2}{7}$

(4)$-\dfrac{2}{3}-\left(-\dfrac{5}{6}\right)-\dfrac{1}{2}$

$=-\dfrac{2}{3}+\dfrac{5}{6}-\dfrac{1}{2}$

$=\dfrac{5}{6}-\dfrac{4}{6}-\dfrac{3}{6}$

$=\dfrac{5}{6}-\dfrac{7}{6}$

$=-\dfrac{2}{6}=-\dfrac{1}{3}$

3節 乗法と除法
4節 正負の数の利用

p.8-9 **Step 2**

❶(1)24　　　　　　(2)-35
　(3)-2.56　　　　(4)3

解き方 2つの数の積を求めるには,
同符号の数では,絶対値の積に正の符号をつける。
異符号の数では,絶対値の積に負の符号をつける。

(1)$(-4)\times(-6)$
$=+(4\times6)=24$
(2)$(+7)\times(-5)$
$=-(7\times5)=-35$
(3)$(-3.2)\times(+0.8)$
$=-(3.2\times0.8)=-2.56$
(4)$\left(-\dfrac{9}{2}\right)\times\left(-\dfrac{2}{3}\right)$
$=+\left(\dfrac{9}{2}\times\dfrac{2}{3}\right)=3$

❷(1)700　　　　　(2)-180
　(3)-16.8　　　　(4)$-\dfrac{5}{2}$

解き方 乗法では,交換法則,結合法則が成り立つ。
数の順序や組み合わせを変えて,くふうして計算す
る。いくつかの数の積の符号は,

負の数が奇数個あれば　$-$
負の数が偶数個あれば　$+$
積の絶対値は,それぞれの数の絶対値の積。

(1)$25\times(-7)\times(-4)$
$=25\times(-4)\times(-7)$
$=+(25\times4\times7)$
$=+(100\times7)=700$
(2)$(-6)\times2\times(-3)\times(-5)$
$=(-6)\times(-3)\times2\times(-5)$
$=-(6\times3\times2\times5)$
$=-(18\times10)=-180$
(3)$1.6\times(-2.1)\times5$
$=1.6\times5\times(-2.1)$
$=-(1.6\times5\times2.1)$
$=-(8\times2.1)$
$=-16.8$
(4)$\left(-\dfrac{1}{4}\right)\times(-12)\times\left(-\dfrac{5}{6}\right)$
$=-\left(\dfrac{1}{4}\times12\times\dfrac{5}{6}\right)$
$=-\left(\dfrac{1}{4}\times10\right)$
$=-\dfrac{5}{2}$

❸(1)-4　　　　　(2)25
　(3)$\dfrac{4}{9}$　　　　　(4)-144

解き方 (1)$-2^2=-(2\times2)=-4$
(2)$(-5)^2=(-5)\times(-5)=25$
(3)$\left(-\dfrac{2}{3}\right)^2=\left(-\dfrac{2}{3}\right)\times\left(-\dfrac{2}{3}\right)=\dfrac{4}{9}$
(4)$(-4)^2\times(-3^2)$
$=(-4)\times(-4)\times\{-(3\times3)\}$
$=16\times(-9)=-144$

❹(1)6　　　　　(2)4
　(3)-8　　　　　(4)-14

解き方 2つの数の商を求めるには,
同符号の数では,絶対値の商に正の符号をつける。
異符号の数では,絶対値の商に負の符号をつける。

(1) $(+24) \div (+4) = +(24 \div 4) = 6$

(2) $(-32) \div (-8) = +(32 \div 8) = 4$

(3) $48 \div (-6) = -(48 \div 6) = -8$

(4) $(-98) \div 7 = -(98 \div 7) = -14$

❺ (1) $-\dfrac{1}{21}$　　　　　(2) $\dfrac{3}{2}$

解き方 わる数の逆数をかける。整数の逆数は，符号を同符号にして，整数を分母にし，1を分子とする分数である。分数の逆数は，符号を同符号にして分子と分母を入れかえた分数である。

(1) $\dfrac{3}{7} \div (-9) = \dfrac{3}{7} \times \left(-\dfrac{1}{9}\right)$

$= -\left(\dfrac{3}{7} \times \dfrac{1}{9}\right) = -\dfrac{1}{21}$

(2) $\left(-\dfrac{3}{8}\right) \div \left(-\dfrac{1}{4}\right) = \left(-\dfrac{3}{8}\right) \times (-4)$

$= +\left(\dfrac{3}{8} \times 4\right) = \dfrac{3}{2}$

❻ (1) 75　　　　　(2) 1

解き方 乗法だけの式になおして計算する。

(1) $35 \div (-7) \times (-15)$

$= 35 \times \left(-\dfrac{1}{7}\right) \times (-15)$

$= +\left(35 \times \dfrac{1}{7} \times 15\right) = 75$

(2) $\left(-\dfrac{8}{35}\right) \div \dfrac{2}{7} \times \left(-\dfrac{5}{4}\right)$

$= \left(-\dfrac{8}{35}\right) \times \dfrac{7}{2} \times \left(-\dfrac{5}{4}\right)$

$= +\left(\dfrac{8}{35} \times \dfrac{7}{2} \times \dfrac{5}{4}\right) = 1$

❼ (1) 17　　　　　(2) -23

　　(3) -11　　　　(4) $\dfrac{7}{8}$

解き方 (1) $(-7) \times (-2) - (-3)$

$= 14 + 3 = 17$

(2) $(-3) + 10 \div \left(-\dfrac{1}{2}\right)$

$= (-3) + 10 \times (-2)$

$= (-3) + (-20) = -23$

(3) $-35 - 2^2 \times (-6)$

$= -35 - 4 \times (-6)$

$= -35 + 24 = -11$

(4) $12 \times \left(\dfrac{1}{3} - \dfrac{1}{4}\right) + \left(-\dfrac{1}{2}\right)^3$

$= 12 \times \dfrac{1}{3} - 12 \times \dfrac{1}{4} + \left(-\dfrac{1}{2}\right) \times \left(-\dfrac{1}{2}\right) \times \left(-\dfrac{1}{2}\right)$

$= 4 - 3 + \left(-\dfrac{1}{8}\right)$

$= 1 - \dfrac{1}{8} = \dfrac{7}{8}$

❽ (1) ① ㋑　　　　② ㋐

　　③ ㋒　　　　④ ㋐

(2) ㋐, ㋑, ㋒

解き方 (1) ㋒自然数は正の整数である。

㋑整数で，自然数でないもの。

㋐数全体の集合で，整数でないもの。

①-20は負の整数である。よって　㋑

②$\dfrac{1}{3}$は分数である。よって　㋐

③$50$は正の整数であるから，自然数である。

よって　㋒

④-0.8は小数である。よって　㋐

(2) 整数をいろいろあてはめて考える。

整数どうしの加法，減法，乗法の結果はいつでも整数であるが，除法については整数でない場合がある。

例 $2 \div 3 = \dfrac{2}{3}$

❾ (1) B　46 kg，E　35 kg

　　(2) 41.4 kg

解き方 (1) B　$39 + 7 = 46$(kg)

E　$39 - 4 = 35$(kg)

(2) 全員の体重を求める必要はない。

基準とのちがいの総和を人数5でわり，基準の39 kgに加える。

基準とのちがいの総和は

　　$(-2) + (+7) + 0 + (+11) + (-4) = 12$(kg)

これを人数5でわって

　　$12 \div 5 = 2.4$(kg)

これを基準の39 kgに加えると

　　$39 + 2.4 = 41.4$(kg)

p.10-11 **Step 3**

❶ A -1，B $+3.5$，C -5.5

❷ (1) $-4.5 < +5$　(2) $-0.7 > -1$

　(3) $-\dfrac{1}{3} < -0.3 < +\dfrac{2}{5}$

❸ (1) $-\dfrac{5}{2}$，$+2.5$　(2) -0.3，-1，$+\dfrac{3}{4}$

　(3) -3

❹ (1) -18　(2) 5　(3) -0.5

　(4) $-\dfrac{7}{6}$　(5) -2　(6) -15

❺ (1) 54　(2) -6　(3) $-\dfrac{5}{2}$　(4) 9

　(5) -8　(6) -28　(7) $\dfrac{11}{2}$　(8) -2

❻ イ，エ

❼ (1) 161 ページ　(2) 23 ページ

❽ ① -4　② 3　③ -2　④ 6　⑤ 8

解き方

❶ 0 より大きい数は正の符号をつけて表す。

　0 より小さい数は負の符号をつけて表す。

❷ (1) 正の数は負の数より大きいから

　　$-4.5 < +5$

　(2) -0.7 と -1 の絶対値を比べると　$0.7 < 1$

　負の数は，絶対値が大きいほど小さいから

　　$-0.7 > -1$

　(3) 正の数は負の数より大きいから，$+\dfrac{2}{5}$ がいちば

　ん大きい。

　　-0.3 と $-\dfrac{1}{3}$ の絶対値を比べると，$\dfrac{1}{3} = 0.33\cdots$ で

　$0.3 < \dfrac{1}{3}$

　よって　$-0.3 > -\dfrac{1}{3}$

　これらをまとめて　$-\dfrac{1}{3} < -0.3 < +\dfrac{2}{5}$

❸ 分数を小数にそろえて考える。

　(1) $-\dfrac{5}{2} = -2.5$ より，$-\dfrac{5}{2}$ と $+2.5$ の絶対値が等

　しい。

❹ (1) $-8 + (-10)$

$= -8 - 10$

$= -18$

　(2) $-4 - (-9)$

$= -4 + 9 = 5$

　(3) $-1.6 - (-1.1)$

$= -1.6 + 1.1 = -0.5$

　(4) $\left(-\dfrac{1}{3}\right) + \left(-\dfrac{5}{6}\right)$

$= -\dfrac{2}{6} - \dfrac{5}{6} = -\dfrac{7}{6}$

　(5) $6 - 15 - (-7)$

$= 6 - 15 + 7$

$= 6 + 7 - 15$

$= 13 - 15 = -2$

　(6) $-2 - (-5) + (-6) - 12$

$= -2 + 5 - 6 - 12$

$= 5 - 2 - 6 - 12$

$= 5 - 20 = -15$

❺ (1) $(-6) \times (-9)$

$= +(6 \times 9) = 54$

　(2) $(-72) \div 12$

$= -(72 \div 12) = -6$

　(3) $\left(-\dfrac{4}{3}\right) \times \left(+\dfrac{15}{8}\right)$

$= -\left(\dfrac{4}{3} \times \dfrac{15}{8}\right) = -\dfrac{5}{2}$

　(4) $(-24) \div \left(-\dfrac{8}{3}\right)$

$= (-24) \times \left(-\dfrac{3}{8}\right)$

$= +\left(24 \times \dfrac{3}{8}\right) = 9$

　(5) $(-2)^3 \times (-1)^2$

$= (-2) \times (-2) \times (-2) \times (-1) \times (-1)$

$= -8 \times 1 = -8$

　(6) $(-6^2) \div (-9) \times (-7)$

$= (-36) \div (-9) \times (-7)$

$= -(36 \div 9 \times 7) = -28$

　(7) $3 - (-15) \div 6$

$= 3 - \left(-\dfrac{15}{6}\right)$

$= 3 + \dfrac{5}{2} = \dfrac{11}{2}$

(8) $18 \times \left(\dfrac{2}{3} - \dfrac{7}{9} \right)$

$= 18 \times \dfrac{2}{3} - 18 \times \dfrac{7}{9}$

$= 12 - 14 = -2$

❻ ㋐負の数になる場合もある。

例 $1 + (-2) = -1$

㋑正の数から負の数をひくと，計算の結果はいつでも正の数になる。

例 $1 - (-2) = 1 + (+2) = 3$

㋒正の数に負の数をかけると，計算の結果はいつでも負の数になる。

㋓負の数に負の数をかけると，計算の結果はいつでも正の数になる。

❼ (1) 基準の 20 ページに日数 7 をかけた数に，基準とのちがいの総和をたす。

基準とのちがいの総和は

$(-2) + 0 + (+5) + (+7) + (-3) + (+13) + (+1)$

$= 21$

よって $20 \times 7 + 21 = 140 + 21$

$= 161$（ページ）

(2) (1)で求めたページ数の合計を日数 7 でわると，

$161 \div 7 = 23$（ページ）

また，基準とのちがいの総和を日数 7 でわり，基準の 20 点にたすと

$20 + 21 \div 7 = 23$（ページ）

❽ $7 + 2 + (-3) = 9 - 3 = 6$ より，縦，横，斜めのそれぞれの 3 つの数の和は 6 になる。

② $6 - 2 - 1 = 6 - 3$

$= 3$

① $6 - 7 - 3 = 6 - 10$

$= -4$

③ $6 - 7 - 1 = 6 - 8$

$= -2$

④ $6 - (-2) - 2 = 6 + 2 - 2$

$= 6$

⑤ $6 - 1 - (-3) = 6 - 1 + 3$

$= 9 - 1 = 8$

2章 文字と式

1節 文字を使った式

p.13-14 Step 2

❶ (1) $(a \times 12 + b \times 5)$ 円

(2) $(1000 - 50 \times x)$ 円

(3) $\{(x + y) \times 2\}$ cm または $(x \times 2 + y \times 2)$ cm

(4) $(30 \div a)$ cm

解き方 式を（ ）でくくって数量を表す単位をつける。

(1) 鉛筆の代金は $(a \times 12)$ 円

ノートの代金は $(b \times 5)$ 円

(2) 1本 50 円の鉛筆を x 本買うときの代金は $(50 \times x)$ 円。

(3) 長方形の周の長さは，（縦）$\times 2 +$（横）$\times 2$ でも求められる。

(4)（平行四辺形の面積）$=$（底辺）$\times$（高さ）

の式から，高さを求める式を考える。

❷ (1) $-2xy$ (2) $-ax$

(3) $3(x + y)$ (4) $5a^3 b^2$

(5) $-\dfrac{a}{6}$ (6) $\dfrac{a - b}{c}$

(7) $\dfrac{xy}{z}$ (8) $4a^2 - \dfrac{b}{3}$

解き方 (1)〜(4) 記号 $\times$ をはぶき，文字と数との積では，数を文字の前に書く。

文字はアルファベット順に並べる。

(2) -1 の 1 ははぶく。

(4), (8) 同じ文字の積を累乗の指数を使って表す。

(5)〜(8) 記号 $\div$ を使わずに，分数の形で書く。

(3), (6), (8) などのように，記号 $+$，$-$ ははぶけない。

❸ (1) $-7 \times x \times y$ (2) $2 \times a \times a \times b$

(3) $(2 \times a - b) \div 3$ (4) $6 \times x + x \times y \div 4$

解き方 (2) a^2 を $a \times a$ と表す。

(3) のように，分数の分子が記号 $+$ や記号 $-$ で結ばれた式のときは（ ）をつける。

❹ (1) ① 3 ② 6 ③ -5

(2) ① 11 ② $-\dfrac{5}{2}$ ③ -18

解き方 文字に数を代入して式の値を求めるとき，× の記号を書く。

また，負の数を代入するときは，（ ）をつける。

(2)① $(-3)\times(-3)+2$

$=9+2$

$=11$

② $\dfrac{5\times(-3)}{6}$

$=\dfrac{-15}{6}=-\dfrac{5}{2}$

③ $(-2)\times(-3)^2$

$=(-2)\times9=-18$

❺ (1)-1 (2)5

解き方 (1)$-2x+3$

$=-2\times2+3$

$=-4+3=-1$

(2)$-2x+3$

$=-2\times(-1)+3$

$=2+3=5$

❻ (1)-4 (2)-5

(3)6 (4)-8

(5)3 (6)-38

解き方 負の数を代入するときは，（ ）をつける。

(3)a^2+a

$=2^2+2=6$

(4)$-b^2-\dfrac{3}{b}$

$=-(-3)^2-\dfrac{3}{-3}$

$=-9+1=-8$

(5)$3a+b$

$=3\times2+(-3)$

$=6-3=3$

(6)$-a-4b^2$

$=-2-4\times(-3)^2$

$=-2-4\times9$

$=-2-36=-38$

2節 文字式の計算
3節 文字式の利用

p.16-17 Step 2

❶ (1)項は $4a$，$-5b$

a の係数は 4，b の係数は -5

(2)項は $-x$，$6y$

x の係数は -1，y の係数は 6

(3)項は $\dfrac{4}{5}x$，y

x の係数は $\dfrac{4}{5}$，y の係数は 1

(4)項は $2x$，$3y$，1

x の係数は 2，y の係数は 3

解き方 (1) $4a-5b=4a+(-5b)$ のように，和の形になおしてから項を考える。

(2) $-x$ の項では，$-x=(-1)\times x$ であるから，数の部分 -1 が x の係数である。

(3) $y=1\times y$ であるから，y の係数は 1 である。

❷ (1)$8x$ (2)$-5a$

(3)$\dfrac{5}{4}b$ (4)$-2y$

(5)$3x-4$ (6)$-4a-12$

解き方 文字の部分が同じ項を 1 つの項にまとめ，簡単にする。

(1)$3x+5x$

$=(3+5)x=8x$

(2)$2a-7a$

$=(2-7)a=-5a$

(3)$\dfrac{3}{4}b+\dfrac{1}{2}b$

$=\left(\dfrac{3}{4}+\dfrac{1}{2}\right)b$

$=\left(\dfrac{3}{4}+\dfrac{2}{4}\right)b=\dfrac{5}{4}b$

(4)$2y-5y+y$

$=(2-5+1)y=-2y$

(5)$2x-5+x+1$

$=2x+x-5+1$

$=(2+1)x-5+1$

$=3x-4$

(6) $-6a-5+2a-7$

$=-6a+2a-5-7$

$=(-6+2)a-5-7$

$=-4a-12$

❸ (1) $5x-2$　　(2) $-4a$

　(3) $-6x+1$　　(4) $-2b+4$

　(5) $8x-3$　　(6) $-5y+10$

解き方 加法では，文字の部分が同じ項どうし，数の項どうしを加える。減法では，ひくほうの式の各項の符号を変えて加える。

(1) $(2x+3)+(3x-5)$

$=2x+3+3x-5$

$=2x+3x+3-5$

$=5x-2$

(2) $(5a-7)+(-9a+7)$

$=5a-7-9a+7$

$=5a-9a-7+7$

$=-4a$

(3) $2x+(1-8x)$

$=2x+1-8x$

$=2x-8x+1$

$=-6x+1$

(4) $(4b-1)-(6b-5)$

$=(4b-1)+(-6b+5)$

$=4b-1-6b+5$

$=4b-6b-1+5$

$=-2b+4$

(5) $(5x+4)-(7-3x)$

$=(5x+4)+(-7+3x)$

$=5x+4-7+3x$

$=5x+3x+4-7$

$=8x-3$

(6) $(-6y+2)-(-y-8)$

$=(-6y+2)+(y+8)$

$=-6y+2+y+8$

$=-6y+y+2+8=-5y+10$

❹ (1) $-12a$　　(2) $-2x$

　(3) $-2y+8$　　(4) $2x-4$

　(5) $-9b-6$　　(6) $-12x+3$

解き方 除法は乗法になおして計算する。

(1) $(-3)\times4a$

$=(-3)\times4\times a=-12a$

(2) $8x\div(-4)$

$=8x\times\left(-\dfrac{1}{4}\right)=-2x$

別解 次のように計算してもよい。

$8x\div(-4)$

$=\dfrac{8x}{-4}$

$=-\dfrac{8x}{4}=-2x$

(3) $2(-y+4)$

$=2\times(-y)+2\times4$

$=-2y+8$

(4) $(10x-20)\div5$

$=(10x-20)\times\dfrac{1}{5}$

$=10x\times\dfrac{1}{5}+(-20)\times\dfrac{1}{5}$

$=2x-4$

別解 次のように計算してもよい。

$(10x-20)\div5$

$=\dfrac{10x-20}{5}$

$=\dfrac{10x}{5}-\dfrac{20}{5}$

$=2x-4$

(5) $(27b+18)\div(-3)$

$=(27b+18)\times\left(-\dfrac{1}{3}\right)$

$=27b\times\left(-\dfrac{1}{3}\right)+18\times\left(-\dfrac{1}{3}\right)$

$=-9b-6$

別解 次のように計算してもよい。

$(27b+18)\div(-3)$

$=\dfrac{27b+18}{-3}$

$=-\dfrac{27b}{3}-\dfrac{18}{3}$

$=-9b-6$

(6) $\dfrac{4x-1}{3}\times(-9)$

$$= \frac{(4x-1)\times(-9)}{3}$$
$$=(4x-1)\times(-3)$$
$$=-12x+3$$

❺ (1) $9x-13$　　　　(2) $5a+5$
　(3) $2a+1$　　　　(4) $22y$
　(5) $5b+4$　　　　(6) $-2x+6$

解き方 分配法則を使ってかっこをはずし，文字の項，数の項どうしをまとめる。

「かっこをはずす」…分配法則を使ってかっこのない式をつくること。

(1) $2(3x+1)+3(x-5)$
$$=6x+2+3x-15$$
$$=6x+3x+2-15$$
$$=9x-13$$

(2) $4(3a-4)+7(-a+3)$
$$=12a-16-7a+21$$
$$=12a-7a-16+21$$
$$=5a+5$$

(3) $7(a-2)-5(a-3)$
$$=7a-14-5a+15$$
$$=7a-5a-14+15$$
$$=2a+1$$

(4) $6(3y+2)-4(-y+3)$
$$=18y+12+4y-12$$
$$=18y+4y+12-12$$
$$=22y$$

(5) $\frac{3}{4}(4b+12)+\frac{1}{5}(10b-25)$
$$=3b+9+2b-5$$
$$=3b+2b+9-5$$
$$=5b+4$$

(6) $\frac{1}{3}(6x+9)-\frac{1}{2}(8x-6)$
$$=2x+3-4x+3$$
$$=2x-4x+3+3$$
$$=-2x+6$$

❻ (1) $\frac{7}{10}a$ 円　　　　(2) πr^2 cm^2

(3) $\left(\frac{3}{x}+\frac{3}{y}\right)$ 時間

解き方 (1) 3割を分数で表すと，$\frac{3}{10}$ であるから，3割引きで売ったときの売り値は，定価の $\left(1-\frac{3}{10}\right)$ 倍になる。

よって　$a\times\left(1-\frac{3}{10}\right)=\frac{7}{10}a$（円）

(2) 円周率を π とすると
$$r\times r\times\pi=\pi r^2(\text{cm}^2)$$

r cm

(3) （時間）＝（道のり）÷（速さ）

行きにかかった時間は　$3\div x=\frac{3}{x}$（時間）

帰りにかかった時間は　$3\div y=\frac{3}{y}$（時間）

往復にかかった時間は　$\left(\frac{3}{x}+\frac{3}{y}\right)$ 時間

❼ （例）中学生 12 人とおとな 4 人の入館料の合計

解き方 $12a+4b$ を記号 $\times$ を使って表し，どんな数量を表しているかを考える。
$$12a+4b=a\times 12+b\times 4$$
より，中学生 1 人の入館料 a 円の 12 人分とおとな 1 人の入館料 b 円の 4 人分の和だとわかる。

❽ (1) $2x+5y=20$　　　(2) $4a+5\geqq b$
　(3) $50-7y>0$　　　(4) $\frac{107}{100}x=y$

解き方 等式…等号 ＝ を使って数量の間の関係を表した式

不等式…不等号（$>$，$\geqq$ など）を使って数量の間の関係を表した式

(1) 1 個 x kg の荷物 2 個の重さと 1 個 y kg の荷物 5 個の重さの合計は
$$x\times 2+y\times 5=2x+5y(\text{kg})$$
これが 20 kg に等しいことから，このときの重さの関係は，等号 ＝ を使って
$$2x+5y=20$$

(2) a の 4 倍に 5 を加えた数は
$$a\times 4+5=4a+5$$
これが b 以上であるから，不等号 $\geqq$ を使って
$$4a+5\geqq b$$

---

(3) 1 人に y 個ずつ 7 人に配るときの必要なあめは

$y \times 7 = 7y$（個）

50 個のあめを 1 人に y 個ずつ 7 人に配ったときの残りのあめは，$(50-7y)$ 個で，これが何個かあまったから，$(50-7y)$ 個は 0 より大きいことがわかる。

よって，このときのあめの個数の関係は，不等号 $>$ を使って

$50-7y > 0$

(4) 7 ％を分数で表すと $\dfrac{7}{100}$

今年の生徒数は，昨年の生徒数の

$\left(1+\dfrac{7}{100}\right)$ 倍であるから $x \times \dfrac{107}{100} = \dfrac{107}{100}x$（人）

また，今年の生徒数は，y 人であるから，このときの人数の関係は，等号 $=$ を使って

$\dfrac{107}{100}x = y$

p.18-19 Step 3

❶ (1) $(4a-5b)$ 円　(2) $2p$ g

(3) $(4x+10)$ cm　(4) $\dfrac{mx+ny}{m+n}$ kg

❷ (1) 1　(2) -28　(3) ㋒

❸ (1) $7a+5$　(2) $8y-5$　(3) $-8a$

(4) $20a-4$　(5) $-7x+3$　(6) $10x-2$

(7) $6x-1$　(8) $-\dfrac{17}{6}x+\dfrac{5}{6}$

❹ 和　$4x-1$，差　$6x-5$

❺ どんな数量

1 個 a g のかんづめ b 個の重さの合計

単位　g

❻ (1) $50a+120b=750$　(2) $\dfrac{15a+14b}{29} \geqq 75$

(3) $x-5y=3$

❼ (1) $(2x+1)$ 本　(2) 201 本

解き方

❶ (1) 4 人が a 円ずつ出し合ったお金の合計は

$a \times 4 = 4a$（円）

1 本 b 円のジュース 5 本の代金は　$b \times 5 = 5b$（円）

残った金額は

（出し合ったお金の合計）－（ジュース 5 本分の代金）

であるから　$(4a-5b)$ 円

(2) p ％ → $\dfrac{p}{100}$ より　$200 \times \dfrac{p}{100} = 2p$ (g)

(3) 縦が x cm で，横は $(x+5)$ cm であるから，周の長さは

$2\{x+(x+5)\} = 2(2x+5) = 4x+10$ (cm)

(4) 男子の体重の合計は　$x \times m = mx$ (kg)

女子の体重の合計は　　　$y \times n = ny$ (kg)

全員の体重の合計が $(mx+ny)$ kg であるから，これを人数の和 $(m+n)$ 人でわる。

❷ (1) $2x-9 = 2 \times 5-9 = 10-9 = 1$

(2) 負の数を代入するときは，$(\ )$ をつける。

$-a^2+3a$

$= -(-4)^2+3 \times (-4)$

$= -16-12 = -28$

(3) ㋐〜㋓それぞれに，$x=-0.1$ を代入して比べる。

㋐ $-x = -(-0.1) = 0.1$

㋑ $x^2 = (-0.1)^2$

$= (-0.1) \times (-0.1) = 0.01$

㋒ $-10x = (-10) \times (-0.1) = 1$

㋓ $(-x)^2 = \{-(-0.1)\}^2$

$= 0.1 \times 0.1 = 0.01$

❸ (4) $\dfrac{5a-1}{6} \times 24$

$= \dfrac{(5a-1) \times 24}{6}$

$= 4(5a-1)$

$= 20a-4$

(5) $(49x-21) \div (-7)$

$= 49x \times \left(-\dfrac{1}{7}\right) + (-21) \times \left(-\dfrac{1}{7}\right)$

$= -7x+3$

(6) $2(x+5)+4(2x-3)$

$= 2x+10+8x-12$

$= 10x-2$

(7) $3(4x+5)-2(3x+8)$

$= 12x+15-6x-16$

$= 6x-1$

(8) $\dfrac{1}{2}(x+3)-\dfrac{2}{3}(5x+1)$

$=\dfrac{1}{2}x+\dfrac{3}{2}-\dfrac{10}{3}x-\dfrac{2}{3}$

$=\dfrac{3}{6}x-\dfrac{20}{6}x+\dfrac{9}{6}-\dfrac{4}{6}$

$=-\dfrac{17}{6}x+\dfrac{5}{6}$

❹ 和 $(5x-3)+(-x+2)$

$=5x-3-x+2=4x-1$

差 $(5x-3)-(-x+2)$

$=5x-3+x-2=6x-5$

❺ $ab=a\times b$ より，（1個の重さ）×（個数）と考えられるから，1個 a g のかんづめ b 個の重さの合計を表し，単位は g である。

❻ (1) 代金の合計は

$50\times a+120\times b=50a+120b$（円）

であるから，等号 ＝ を使って

$50a+120b=750$

(2) このクラス全体の合計点は

$a\times 15+b\times 14=15a+14b$（点）

で，全体の人数は，$15+14=29$（人）であるから，

平均点は $\dfrac{15a+14b}{29}$ 点である。

これが 75 点以上であるから，不等号 ≧ を使って

$\dfrac{15a+14b}{29}\geqq 75$

(3) 歩いた道のりは，$5\times y=5y$ (km) であるから，

残りの道のりは，$(x-5y)$ km である。

よって，等号 ＝ を使って $x-5y=3$

❼ 下の図のように，左端の 1 本のマッチ棒に，2 本のまとまりを加えていくと，正三角形が 1 個ずつ増えると考える。

(1) x 個の正三角形は，左端の 1 本と，2 本のまとまりが x 個でできているから

$1+2\times x=2x+1$（本）

(2) 正三角形を 100 個つくるときは，(1)の式に $x=100$ を代入して

$2\times 100+1=201$（本）

3章 方程式

1節 方程式とその解き方

p.21-22 **Step 2**

❶ (1) 2   (2) ⓥ

解き方 x の値を代入して，左辺と右辺の値が等しくなるとき，等式が成り立つことから考える。

(1) x に -2, 0, 2 をそれぞれ代入する。

$x=2$ のとき （左辺）$=3\times 2-5=6-5=1$

で等式が成り立つから，2 が解である。

(2) x に -5 を代入する。ⓥの式では

（左辺）$=4\times(-5)+7=-13$

（右辺）$=(-5)-8=-13$

よって，-5 が解であるものは ⓥ

❷ (1) $x=5$, 　②　　　(2) $x=9$, 　①

　(3) $x=-5$, 　④　　　(4) $x=24$, 　③

解き方 どの等式の性質を使えば，左辺を x だけにして，$x=□$ の形にできるかを考える。

(1) 性質②を使う。両辺から 3 をひく。

$x+3-3=8-3$ 　 $x=5$

(2) 性質①を使う。両辺に 2 を加える。

$x-2+2=7+2$ 　 $x=9$

(3) 性質④を使う。両辺を 4 でわる。

$4x\div 4=(-20)\div 4$ 　 $x=-5$

(4) 性質③を使う。両辺に 3 をかける。

$\dfrac{1}{3}x\times 3=8\times 3$ 　 $x=24$

㊟ (1) 両辺に -3 を加えるとすると①も正解。

　(2) 両辺から -2 をひくとすると②も正解。

　(3) 両辺に $\dfrac{1}{4}$ をかけるとすると③も正解。

　(4) 両辺を $\dfrac{1}{3}$ でわるとすると④も正解。

❸ (1) $x=15$ 　　　　　(2) $x=-8$

　(3) $x=-\dfrac{1}{2}$ 　　　(4) $x=28$

解き方 (1) $x-7+7=8+7$ 　 $x=15$

(2) $x+2=-6$ 　 $x+2-2=-6-2$ 　 $x=-8$

(3) $\dfrac{-8x}{-8} = \dfrac{4}{-8}$ $x = -\dfrac{1}{2}$

(4) $\dfrac{1}{7}x \times 7 = 4 \times 7$ $x = 28$

❹ (1) $x = 3$ (2) $x = 2$

(3) $x = -3$ (4) $x = 5$

解き方 移項の考えを使う。

① x をふくむ項を左辺に，数の項を右辺に移項する。

② $ax = b$ の形にする。

③ 両辺を x の係数 a でわる。

(1) $x + 7 = 10$

$\quad x = 10 - 7$ ← +7 を右辺に移項する

$\quad x = 3$

(2) $5x - 2 = 8$

$\quad 5x = 8 + 2$ ← −2 を右辺に移項する

$\quad 5x = 10$ ← 両辺を 5 でわる

$\quad x = 2$

(3) $\quad 4x = x - 9$ ← x を左辺に移項する

$\quad 4x - x = -9$

$\quad 3x = -9$ ← 両辺を 3 でわる

$\quad x = -3$

(4) $\quad 2x = 30 - 4x$ ← −4x を左辺に移項する

$\quad 2x + 4x = 30$

$\quad 6x = 30$ ← 両辺を 6 でわる

$\quad x = 5$

❺ (1) $x = -1$ (2) $x = 1$

(3) $x = -5$ (4) $x = -3$

解き方 移項の考えを使う。

x をふくむ項を左辺に，数の項を右辺に移項する。

(1) $6x - 1 = x - 6$ ← −1 を右辺に，x を左辺に移項する

$\quad 6x - x = -6 + 1$

$\quad 5x = -5$ ← 両辺を 5 でわる

$\quad x = -1$

(2) $x - 15 = -3x - 11$ ← −15 を右辺に，−3x を左辺に移項する

$\quad x + 3x = -11 + 15$

$\quad 4x = 4$ ← 両辺を 4 でわる

$\quad x = 1$

(3) $13 - 8x = -10x + 3$ ← 13 を右辺に，−10x を左辺に移項する

$\quad -8x + 10x = 3 - 13$

$\quad 2x = -10$ ← 両辺を 2 でわる

$\quad x = -5$

(4) $-7 - 3x = 5x + 17$ ← −7 を右辺に，5x を左辺に移項する

$\quad -3x - 5x = 17 + 7$

$\quad -8x = 24$ ← 両辺を −8 でわる

$\quad x = -3$

❻ (1) $x = 4$ (2) $x = -2$

(3) $x = 3$ (4) $x = \dfrac{13}{10}$

(5) $x = 2$ (6) $x = 9$

解き方 (1)，(2) かっこをはずしてから計算する。

(3)，(4) 両辺に 10，100 をかけて，すべての項の係数を整数にしてから計算する。

(5)，(6) 分母の最小公倍数を両辺にかけて，すべての項の係数を整数にしてから計算する。

(1) $5(x - 2) = 2x + 2$ ← 分配法則を使って，かっこをはずす

$\quad 5x - 10 = 2x + 2$

$\quad 3x = 12$

$\quad x = 4$

(2) $-2(x + 1) + 3 = 5$ ← 分配法則を使って，かっこをはずす

$\quad -2x - 2 + 3 = 5$

$\quad -2x = 4$

$\quad x = -2$

(3) $\quad 2.4x + 2 = 0.4x + 8$ ← 両辺に 10 をかける

$(2.4x + 2) \times 10 = (0.4x + 8) \times 10$

$\quad 24x + 20 = 4x + 80$

$\quad 20x = 60$

$\quad x = 3$

(4) $1.9x - 1.08 = 0.6x + 0.61$ ← 両辺に 100 をかける

$\quad 190x - 108 = 60x + 61$

$\quad 130x = 169$

$\quad x = \dfrac{13}{10}$

(5) $\quad x - \dfrac{1}{3} = -\dfrac{x}{6} + 2$ ← 両辺に 6 をかける

$\left(x - \dfrac{1}{3}\right) \times 6 = \left(-\dfrac{x}{6} + 2\right) \times 6$

$\quad 6x - 2 = -x + 12$

$\quad 7x = 14$ $x = 2$

(6) $\dfrac{3x+7}{2}=\dfrac{4x+15}{3}$ 　　両辺に 6 を かける

$$\dfrac{3x+7}{2}\times 6=\dfrac{4x+15}{3}\times 6$$

$$(3x+7)\times 3=(4x+15)\times 2$$

$$9x+21=8x+30$$

$$x=9$$

❼ $a=10$

解き方 $x=3$ を代入して，a についての方程式とみて解く。

$$4\times 3-a=3-1$$
$$12-a=2$$
$$-a=-10$$
$$a=10$$

2節 1次方程式の利用

p.24-27　**Step ❷**

❶(1) 17　　　　　(2) 53

解き方 1次方程式を利用して文章題を解くときは，次の順序で考える。

① 何を文字で表すかを決める。

② 問題にふくまれる数量を，x を使って表す。

③ 等しい関係にある数量を見つけて，方程式をつくる。

　→表や線分図を利用するとわかりやすい。

④ つくった方程式を解く。

⑤ 方程式の解が問題に適しているかを確かめて，答えとする。

(1) ある数を x とすると

$$3x+9=4(x-2)$$
$$3x+9=4x-8$$
$$-x=-17$$
$$x=17　　これは問題に適している。$$

(2) もとの数の十の位の数字を x とすると，この数は $10x+3$，この数の十の位の数字と一の位の数字を入れかえた数は $30+x$ である。

$$30+x=10x+3-18$$
$$-9x=-45$$
$$x=5$$

十の位の数字が 5，一の位の数字が 3 であるから，もとの数は 53

これは問題に適している。

❷(1) みかん　4 個，なし　6 個

(2) 180 円

解き方(1) みかんを x 個買ったとすると，なしの個数は，$(10-x)$ 個である。

$$60x+90(10-x)=780$$
$$60x+900-90x=780$$
$$-30x=-120$$
$$x=4$$

なしの個数は，$10-4=6$(個)

これは問題に適している。

(2) ボールペン 1 本の値段を x 円とすると，鉛筆 1 本の値段は，$(x-30)$ 円である。

$$7(x-30)+5x=1950$$
$$7x-210+5x=1950$$
$$12x=2160$$
$$x=180　　これは問題に適している。$$

❸ 75 人

解き方 女子の人数を x 人とすると，男子の人数は，$(x+14)$ 人である。

$$(x+14)+x=164$$
$$2x=150$$
$$x=75　　これは問題に適している。$$

❹(1) 36 人　　　　　(2) 20 個

解き方(1) 生徒の人数を x 人として，色紙の枚数を 2 通りに表す。

3 枚ずつ配るとき　$(3x+27)$ 枚

4 枚ずつ配るとき　$(4x-9)$ 枚

$$3x+27=4x-9$$
$$-x=-36$$
$$x=36　　これは問題に適している。$$

(2) 子どもの人数を x 人とする。みかんは

4 個ずつ配るとき　$(4x-4)$ 個

3 個ずつ配るとき　$(3x+2)$ 個

$$4x-4=3x+2$$
$$x=6$$

みかんの個数は　$4 \times 6 - 4 = 20$（個）

これは問題に適している。

別解 次のように考えてもよい。

みかんの数を x 個とする。

$$\frac{x+4}{4} = \frac{x-2}{3}$$

これを解いて　$x = 20$

❺ (1) 10 分後　　　　　(2) 2 km

解き方 (1) 妹が家を出発してから x 分後に，姉に追いつくとする。

姉は追いつかれるまでに $80(15+x)$ m，

妹は追いつくまでに $200x$ m 進む。

このとき 2 人が進んだ道のりは等しいから

$$80(15+x) = 200x$$
$$1200 + 80x = 200x$$
$$-120x = -1200$$
$$x = 10 \qquad \text{これは問題に適している。}$$

(2) 家から学校までを x km とする。

学校に間に合う時間を考えて

$$\frac{x}{4} - \frac{10}{60} = \frac{x}{20} + \frac{14}{60}$$

両辺に 60 をかけて

$$15x - 10 = 3x + 14$$
$$12x = 24$$
$$x = 2 \qquad \text{これは問題に適している。}$$

❻ 180 ページ

解き方 この本のページ数を x ページとする。

1 日目は　$x \times \dfrac{1}{4}$（ページ）

2 日目は　$x \times \left(1 - \dfrac{1}{4}\right) \times \dfrac{2}{5}$（ページ）

読んでいる。

$$x \times \frac{1}{4} + x \times \left(1 - \frac{1}{4}\right) \times \frac{2}{5} = x - 81$$
$$\frac{1}{4}x + \frac{3}{10}x = x - 81$$
$$5x + 6x = 20x - 1620$$
$$-9x = -1620$$
$$x = 180$$

これは問題に適している。

❼ (1) $x = 1$　　　　(2) $x = 4$

(3) $x = 20$　　　(4) $x = 21$

(5) $x = \dfrac{15}{2}$　　(6) $x = \dfrac{8}{3}$

解き方 比例式の性質　$a : b = m : n$ ならば $an = bm$

(1) $x : 2 = 3 : 6$
$$x \times 6 = 2 \times 3$$
$$6x = 6$$
$$x = 1$$

(2) $3 : x = 15 : 20$ 〔x をふくむ項を左辺にすると，計算しやすくなる〕
$$x \times 15 = 3 \times 20$$
$$15x = 60$$
$$x = 4$$

(3) $x : 8 = 5 : 2$
$$x \times 2 = 8 \times 5$$
$$2x = 40$$
$$x = 20$$

(4) $6 : 7 = 18 : x$
$$6 \times x = 7 \times 18$$
$$6x = 126$$
$$x = 21$$

(5) $10 : x = 4 : 3$ 〔x をふくむ項を左辺にすると，計算しやすくなる〕
$$x \times 4 = 10 \times 3$$
$$4x = 30$$
$$x = \frac{30}{4} = \frac{15}{2}$$

(6) $4 : 3 = x : 2$ 〔x をふくむ項を左辺にすると，計算しやすくなる〕
$$3 \times x = 4 \times 2$$
$$3x = 8$$
$$x = \frac{8}{3}$$

❽ (1) $x = 50$　　　　(2) $x = 18$

(3) $x = 11$　　　(4) $x = 2$

解き方 分数やかっこのついた比例式も，比例式の性質が使える。

(2) $x : 40 = \dfrac{3}{8} : \dfrac{5}{6}$
$$x \times \frac{5}{6} = 40 \times \frac{3}{8}$$
$$\frac{5}{6}x = 15 \qquad x = 18$$

(3) $(x-5):4=3:2$

$(x-5)\times 2=4\times 3$

$2x-10=12$

$2x=22$

$x=11$

❾ (1) 50 mL (2) 56 枚

解き方 (1) 用意するコーヒーを x mL とする。

(牛乳):(コーヒー)＝120:30 より，この比に等しく

なるように比例式をつくる。

$200:x=120:30$

$x\times 120=200\times 30$

$120x=6000$

$x=\dfrac{6000}{120}=50$ これは問題に適している。

(2) 兄と弟の枚数の比が 4:3 であるから，全体は 7 と

なる。

(全体の枚数):(兄の枚数)で比例式をつくる。

兄の枚数を x 枚とすると

$98:x=7:4$

$x\times 7=98\times 4$

$7x=392$

$x=\dfrac{392}{7}=56$ これは問題に適している。

❿ 150 本

解き方 袋に入っているくぎの重さと，同じくぎ20

本の重さの比が 225:30 であるから

(袋のくぎの本数):(同じくぎ20本)で比例式をつくる。

袋に入っているくぎの本数を x 本とすると

$225:30=x:20$

$30\times x=225\times 20$

$30x=4500$

$x=\dfrac{4500}{30}=150$

別解 次のように考えてもよい。

くぎ 20 本の重さが 30 g であるから，くぎ 1 本の重

さは $30\div 20=1.5$ (g)

よって $225\div 1.5=150$ (本)

---

p.28-29 **Step ③**

❶ ⑦, ⑨

❷ ① 1 ② 3 ③ 2

❸ (1) $x=6$ (2) $x=-1$ (3) $x=-3$

(4) $x=-3$ (5) $x=-2$ (6) $x=-2$

❹ (1) $x=-6$ (2) $x=-6$

(3) $x=-2$ (4) $x=-\dfrac{1}{2}$

❺ $a=5$

❻ (1) $x=15$ (2) $x=45$ (3) $x=8$

❼ (1) ノートの値段 160 円

持っている金額 1200 円

(2) 8 分後

❽ 160 mL

解き方

❶ それぞれの方程式に，$x=-2$ を代入する。

⑦(左辺)＝$-(-2)+2=2+2=4$

⑨(左辺)＝$1-2\times(-2)=1+4=5$

⑦と⑨は等式が成り立つから，-2 が解である。

❷ $\dfrac{2}{3}x+1=7$ ┐

両辺から ① 1 をひく

$\dfrac{2}{3}x=6$ ◀

両辺に ② 3 をかける

$2x=18$ ◀

両辺を ③ 2 でわる

$x=9$ ◀

❸ (1) $5x=4x+6$

$4x$ を左辺に移項する

$5x-4x=6$ ◀

$x=6$

(2) $3x+8=5$

8 を右辺に移項する

$3x=5-8$ ◀

$3x=-3$

両辺を 3 でわる

$x=-1$ ◀

(3) $6x+11=2x-1$

11 を右辺に，$2x$ を左辺に移項する

$6x-2x=-1-11$ ◀

$4x=-12$

両辺を 4 でわる

$x=-3$ ◀

(4) $2x+7=-3x-8$

7 を右辺に，$-3x$ を左辺に移項する

$2x+3x=-8-7$ ◀

$5x=-15$

両辺を 5 でわる

$x=-3$ ◀

(5) $-7x-2=-x+10$ 　　－2 を右辺に，
$-x$ を左辺に移項する

$-7x+x=10+2$

$-6x=12$ 　　両辺を -6 でわる

$x=-2$

(6) $-9+x=5+8x$ 　　－9 を右辺に，
$8x$ を左辺に移項する

$x-8x=5+9$

$-7x=14$ 　　両辺を -7 でわる

$x=-2$

❹ (1) $2+5(x+4)=-8$

$2+5x+20=-8$ 　　かっこをはずす

$5x=-8-2-20$

$5x=-30$

$x=-6$

(2) $0.1x+0.24=0.04x-0.12$ 　　両辺に 100 を
かける

$10x+24=4x-12$

$10x-4x=-12-24$

$6x=-36$

$x=-6$

(3) $\dfrac{x}{3}-\dfrac{1}{2}=\dfrac{x}{4}-\dfrac{2}{3}$ 　　3 と 2 と 4 の最小公倍数
12 を両辺にかける

$4x-6=3x-8$

$4x-3x=-8+6$

$x=-2$

(4) $\dfrac{4x+2}{5}=\dfrac{2x+1}{3}$ 　　5 と 3 の最小公倍数
15 を両辺にかける

$(4x+2)\times3=(2x+1)\times5$ 　　かっこをはずす

$12x+6=10x+5$

$12x-10x=5-6$

$2x=-1$

$x=-\dfrac{1}{2}$

❺ 方程式に $x=3$ を代入し，a についての方程式とみて解く。

$2\times3-a=4(a-3)-7$

$6-a=4a-12-7$

$-a-4a=-12-7-6$

$-5a=-25$ 　　 $a=5$

❻ (1) $x:9=5:3$

$x\times3=9\times5$

$3x=45$

$x=\dfrac{45}{3}=15$

(2) $\dfrac{1}{5}:\dfrac{3}{4}=12:x$

$\dfrac{1}{5}\times x=\dfrac{3}{4}\times12$

$\dfrac{1}{5}x=9$ 　　両辺に 5 をかける

$x=45$

(3) $6:(x+7)=2:5$

$(x+7)\times2=6\times5$

$2x+14=30$

$2x=16$

$x=8$

❼ (1) ノート 1 冊の値段を x 円として，持っている金額を 2 通りに表す。

8 冊買うには 80 円たりない…$(8x-80)$ 円

6 冊買うと 240 円余る…$(6x+240)$ 円

$8x-80=6x+240$

$2x=320$

$x=160$

持っている金額は

$8\times160-80=1200$（円）

これは問題に適している。

(2) 姉が家を出発してから x 分後に，妹に追いつくとする。

妹は追いつかれるまでに $60(4+x)$ m，

姉は追いつくまでに $90x$ m 進む。

このとき 2 人が進んだ道のりは等しいから

$60(4+x)=90x$

$240+60x=90x$

$-30x=-240$

$x=8$ 　　これは問題に適している。

❽ （酢）：（オリーブ油）$=10:15$ より，全体は 25 となる。

（全体の量）：（酢の量）で比例式をつくる。

用意する酢の量を x mL とすると

$400:x=25:10$

$x\times25=400\times10$

$25x=4000$

$x=\dfrac{4000}{25}=160$

これは問題に適している。

4章 比例と反比例

1節 関数と比例・反比例
2節 比例の性質と調べ方

p.31-32 **Step ②**

❶ ⑦, ㋓

解き方 x の値を決めると，y の値もただ 1 つ決まるかどうかを考える。

※2 つの変数 x, y があり，変数 x の値を決めると，それにともなって変数 y の値もただ 1 つ決まるとき，y は x の関数であるという。

⑦ 1 本 120 円の鉛筆を x 本買ったときの代金 y 円は，x の値を決めると，y の値もただ 1 つ決まる。

㋑ 母親の年齢 x の値を決めても，子どもの年齢 y は 1 つに決まらない。

たとえば，40 歳の母親の子どもの年齢は，3 歳，5 歳，12 歳，…などいろいろ考えられる。

㋒ たとえば，長方形の周の長さが 10 cm のとき，縦 1 cm，横 4 cm 以外にも，縦 2 cm，横 3 cm などが考えられるから，周の長さ x の値を決めても，長方形の面積 y は 1 つに決まらない。

㋓ 6 L ある水を x L 使ったときの残りの水の量 y L は，x の値を決めると，y の値もただ 1 つ決まる。

❷ (1) 式　$y=15x$，○　　比例定数　15

(2) 式　$y=50x$，○　　比例定数　50

(3) 式　$y=\dfrac{20}{x}$，△　　比例定数　20

解き方 y が x の関数で，$y=ax$ の式で表されるとき，y は x に比例するという。$y=\dfrac{a}{x}$ の式で表されるとき，y は x に反比例するという。

また，文字 a を比例定数という。

(1) 1 m あたり 15 g の重さの針金の x m の重さは 15x g であるから

　　$y=15x$　　比例定数は 15

(2) (道のり)＝(速さ)×(時間) より，道のりは 50x km であるから

　　$y=50x$　　比例定数は 50

(3) (高さ)＝(面積)÷(底辺) より，高さは $\dfrac{20}{x}$ cm であるから

　　$y=\dfrac{20}{x}$　　比例定数は 20

❸ (1) (左から順に)

　15，10，5，0，－5，－10，－15

(2) 2 倍，3 倍になる。

解き方 (1) $y=-5x$ に，表中の x の値をそれぞれ代入する。

(2) x の値が 2 倍，3 倍になると，対応する y の値も 2 倍，3 倍になっている。

❹ $y=-4x$，$y=-28$

解き方 $y=ax$ に $x=-3$，$y=12$ を代入すると

　　$12=a\times(-3)$　　$a=-4$

したがって　$y=-4x$

$y=-4x$ に $x=7$ を代入して　$y=-28$

❺ (1) A(3, 2)　　　　　B(0, －3)

　　C(－3, －1)　　　D(－1, 4)

(2)

解き方 (1) 各点から，x 軸，y 軸に垂直にひいた直線が，x 軸，y 軸と交わる点の目もりを読みとる。

(2) P(－1, 0) は，原点から左へ 1 だけ進んだところにある x 軸上の点を表す。

❻ (1)

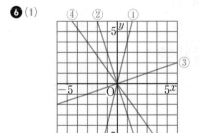

(2) ①, ③　　　　　　　(3) 3 ずつ減少する。

解き方 (1)① (1, 4) などと原点を結ぶ。

② (1, −3) などと原点を結ぶ。

③ (3, 1) などと原点を結ぶ。

④ (3, −4) などと原点を結ぶ。

(2) x の値が増加すると y の値も増加するグラフは，右上がりである。

(3) $y=-3x$ は，x の値が 1 ずつ増加すると，y の値は 3 ずつ減少する。

❼ (1) $y=2x$　　　(2) $y=-\dfrac{3}{2}x$

解き方 y を x の式で表すには，次の手順で考えればよい。

1 グラフが通る点のうち，x 座標，y 座標の値がともに整数である点の座標を読みとる。

2 その点の x 座標，y 座標の値を $y=ax$ の x，y に代入して，a の値を求める。

3 y を x の式で表す。

(1) グラフは (1, 2) を通る。

$y=ax$ に $x=1$, $y=2$ を代入して

$2=a\times1$　$a=2$

よって，$y=2x$

(2) グラフは (2, −3) を通る。

$y=ax$ に $x=2$, $y=-3$ を代入して

$-3=a\times2$　$a=-\dfrac{3}{2}$

よって　$y=-\dfrac{3}{2}x$

3節 反比例の性質と調べ方

4節 比例と反比例の利用

p.34-35　**Step ❷**

❶ (1) (左から順に)

−3, −4, −6, −12, 12, 6, 4, 3

(2) $\dfrac{1}{2}$ 倍，$\dfrac{1}{3}$ 倍になる。

解き方 (1) たとえば，$x=-4$ のとき $y=\dfrac{12}{-4}=-3$

となる。

(2) $y=\dfrac{a}{x}$ では，x の値が 2 倍，3 倍，…になると，それに対応する y の値は $\dfrac{1}{2}$ 倍，$\dfrac{1}{3}$ 倍，…になる。

❷ (1) $y=\dfrac{18}{x}$, $y=9$

(2) $y=-\dfrac{24}{x}$, $y=-8$

解き方 (1) y は x に反比例するから，$y=\dfrac{a}{x}$ と表すことができる。

$x=3$ のとき $y=6$ であるから

$6=\dfrac{a}{3}$　$a=18$

よって　$y=\dfrac{18}{x}$

$x=2$ のとき　$y=\dfrac{18}{2}=9$

(2) y は x に反比例するから，$y=\dfrac{a}{x}$ と表すことができる。

$x=-6$ のとき $y=4$ であるから

$4=\dfrac{a}{-6}$　$a=-24$

よって　$y=-\dfrac{24}{x}$

$x=3$ のとき　$y=-\dfrac{24}{3}=-8$

❸ (1)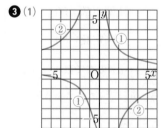

(2)① 1, $\dfrac{1}{10}$, $\dfrac{1}{100}$

② グラフは y 軸に近づいていく。

解き方 $y=\dfrac{a}{x}$ のグラフは，双曲線とよばれる曲線になる。

・$a>0$ のとき，$x>0$ ならば　$y>0$

　　　　　　　　$x<0$ ならば　$y<0$

・$a < 0$ のとき，$x > 0$ ならば $y < 0$
$\qquad\qquad\qquad\quad x < 0$ ならば $y > 0$

(1)① 点 $(1, 4)$，$(2, 2)$，$(4, 1)$ などをとって，$x > 0$ の部分のグラフをかく。

次に，点 $(-1, -4)$，$(-2, -2)$，$(-4, -1)$ などをとって，$x < 0$ の部分のグラフをかく。

② 点 $(2, -6)$，$(3, -4)$，$(4, -3)$ などをとって，$x > 0$ の部分のグラフをかく。

次に，点 $(-2, 6)$，$(-3, 4)$，$(-4, 3)$ などをとって，$x < 0$ の部分のグラフをかく。

(2)① $y = \dfrac{10}{x}$ に $x = 10$，$x = 100$，$x = 1000$ をそれぞれ代入する。

② x の値を 0 に近づけていくほど，y の値は大きくなり，グラフは y 軸に近づいていく。

❹ (1) $y = \dfrac{2}{x}$　　　　(2) $y = -\dfrac{8}{x}$

解き方 グラフ上で，x 座標，y 座標の値がともに整数である点を選び，その点の x 座標，y 座標の値を $y = \dfrac{a}{x}$ に代入して，a の値を求める。

(1) グラフは $(1, 2)$ を通る。

$y = \dfrac{a}{x}$ に $x = 1$，$y = 2$ を代入して

$2 = \dfrac{a}{1}$

$a = 2$

よって $y = \dfrac{2}{x}$

(2) グラフは $(2, -4)$ を通る。

$y = \dfrac{a}{x}$ に $x = 2$，$y = -4$ を代入して

$-4 = \dfrac{a}{2}$

$a = -8$

よって $y = -\dfrac{8}{x}$

❺ ⑦

解き方 y を x の式で表してみる。

⑦ $y = x \times 20 = 20x$

⑦ (時間) = (道のり) ÷ (速さ) より

$y = \dfrac{50}{x}$

⑦ (円の面積) = (半径) × (半径) × (円周率)

より $y = x \times x \times \pi$

$\qquad y = \pi x^2$

$y = \dfrac{a}{x}$ の形になっているのは ⑦

よって，答えは ⑦

❻ (1) 2.5 cm　　　　　(2) $y = x$

(3)

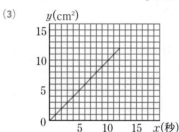

解き方 (1) 点 P は秒速 0.5 cm の速さで移動するから，5 秒後には $0.5 \times 5 = 2.5$ (cm) 移動している。

(2) 三角形 ABP の底辺を BP，高さを AB とする。

よって，三角形の面積の公式より

$y = \dfrac{1}{2} \times BP \times AB$

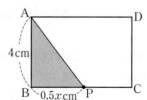

$BP = 0.5x$，$AB = 4$ より

$y = \dfrac{1}{2} \times BP \times AB$

$y = \dfrac{1}{2} \times 0.5x \times 4$

$y = x$

ここで，$BC = 6$ cm より，x の変域は

$0 \leqq x \leqq 12$

(3) $y = x$ のグラフを $0 \leqq x \leqq 12$ の範囲でかく。

p.36-37 **Step 3**

❶ (1) ×　(2) ○　(3) ○

❷ (1) $y=2\pi x$, ○　(2) $y=\dfrac{50}{x}$, △

(3) $y=\dfrac{1}{10}x$, ○　(4) $y=\dfrac{30}{x}$, △

❸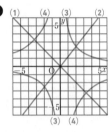

❹ (1) $y=6x$　(2) $y=8$

(3) $y=-\dfrac{1}{x}$　(4) $y=-\dfrac{15}{2}$

❺ (1) A(3, 0), B(−5, −3)

(2) ① $y=\dfrac{5}{2}x$　② $y=-\dfrac{2}{x}$

❻ (1) 姉　分速 75 m, 妹　分速 50 m

(2) 200 m　(3) 250 m

❼ (1) $a=\dfrac{3}{2}$, $b=6$　(2) 8 つ

――――――――――

解き方

❶ x の値を決めると, y の値もただ 1 つに決まるか
どうかを考える。

(1) (ひし形の面積)＝(対角線)×(対角線)÷2
周の長さが同じひし形でも, 対角線の長さはいろ
いろ考えられるから, 面積 y cm² はただ 1 つに決
まるとは限らない。

(2) ケーキ 1 個の値段 x 円が決まると, 5 個分の代
金 y 円もただ 1 つに決まる。

(3) 道のりは決まっているから, 速さ x の値を決め
ると, 時間 y の値もただ 1 つに決まる。

❷ $y=ax$ の形になれば比例, $y=\dfrac{a}{x}$ の形になれば反

比例である。

(1) (円周の長さ)＝(直径)×(円周率)より
　$y=x\times 2\times\pi=2\pi x$

$y=ax$ の形であるから, y は x に比例する。

(2) (1 本の長さ)＝(全体の長さ)÷(本数)より

$y=50\div x=\dfrac{50}{x}$

$y=\dfrac{a}{x}$ の形であるから, y は x に反比例する。

(3) 1 L のガソリンで 10 km 走る自動車は, y L の
ガソリンを使うと $(10\times y)$ km 走るから

　$x=10y$　　$y=\dfrac{x}{10}=\dfrac{1}{10}x$

$y=ax$ の形であるから, y は x に比例する。

(4) 三角形の面積の公式より,

　$\dfrac{1}{2}\times x\times y=15$　　$xy=30$　　$y=\dfrac{30}{x}$

$y=\dfrac{a}{x}$ の形であるから, y は x に反比例する。

❸ 反比例のグラフは, 比例のグラフとちがい, 2 点
を決めるだけではかけないので, 通る点をできる
だけ多くとり, それらをなめらかな曲線で結ぶ。

(1) (1, −1) などと原点を結ぶ直線である。

(2) (4, 5) などと原点を結ぶ直線である。

(3) (1, 5), (5, 1) などをとり, $x>0$ の部分にグ
ラフをかく。

次に, (−1, −5), (−5, −1) などをとり,
$x<0$ の部分にグラフをかく。

(4) (2, −5), (5, −2) などをとり, $x>0$ の部分
にグラフをかく。

次に, (−2, 5), (−5, 2) などをとって,
$x<0$ の部分にグラフをかく。

❹ y が x に比例するときは $y=ax$ に, y が x に反比

例するときは $y=\dfrac{a}{x}$ に, x, y の値を代入して,

a の値を求める。

(1) y は x に比例するから, $y=ax$ に $x=2$, $y=12$
を代入する。

　$12=a\times 2$　　$a=6$

よって　$y=6x$

(2) y は x に比例するから, $y=ax$ に $x=12$,
$y=-16$ を代入する。

　$-16=a\times 12$　　$a=-\dfrac{4}{3}$

よって　$y=-\dfrac{4}{3}x$

$y=-\dfrac{4}{3}x$ に $x=-6$ を代入して

$$y = -\frac{4}{3} \times (-6) = 8$$

(3) y は x に反比例するから，$y = \frac{a}{x}$ に $x = -0.5$，$y = 2$ を代入する。

$$2 = \frac{a}{-0.5} \qquad a = -1$$

よって $y = -\frac{1}{x}$

(4) y は x に反比例するから，$y = \frac{a}{x}$ に $x = 5$，$y = 6$ を代入する。

$$6 = \frac{a}{5} \qquad a = 30$$

よって $y = \frac{30}{x}$

$y = \frac{30}{x}$ に $x = -4$ を代入して

$$y = \frac{30}{-4} = -\frac{15}{2}$$

❺ (1) 各点から，x 軸，y 軸に垂直にひいた直線が，x 軸，y 軸と交わる点の目もりを読みとる。

A は，原点から右へ 3 だけ進んだ点であるから，座標は $(3, 0)$

B は，原点から左へ 5，下へ 3 だけ進んだ点であるから，座標は $(-5, -3)$

(2) ① グラフは原点と $(2, 5)$ を通る直線である。

$y = ax$ に $x = 2$，$y = 5$ を代入して

$$5 = a \times 2 \qquad a = \frac{5}{2}$$

よって $y = \frac{5}{2}x$

② グラフは $(1, -2)$ を通る双曲線である。

$y = \frac{a}{x}$ に $x = 1$，$y = -2$ を代入して

$$-2 = \frac{a}{1} \qquad a = -2$$

よって $y = -\frac{2}{x}$

❻ (1) 何分で何 m 進むかをグラフから読みとる。

姉は 10 分で 750 m 進むから，1 分では

$$750 \div 10 = 75 \text{ (m)}$$

妹は 15 分で 750 m 進むから，1 分では

$$750 \div 15 = 50 \text{ (m)}$$

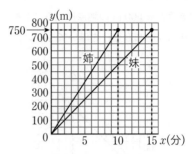

(2) 姉と妹が進んだ道のりについて，y を x の式で表すと，（道のり）＝（速さ）×（時間）であるから，(1) より

姉 $y = 75 \times x = 75x$

妹 $y = 50 \times x = 50x$

と表される。

それぞれの式に，$x = 8$ を代入すると

姉 $y = 75 \times 8 = 600 \text{ (m)}$

妹 $y = 50 \times 8 = 400 \text{ (m)}$

$600 - 400 = 200 \text{ (m)}$ より，姉と妹は 200 m はなれている。

別解 次のように考えてもよい。

グラフから，8 分後に姉は家から 600 m，妹は 400 m の地点にいることを読みとって，

$600 - 400 = 200 \text{ (m)}$ を導いてもよい。

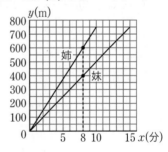

(3) 駅は家から 750 m はなれた地点にあるから，姉が進んだ道のりの式 $y = 75x$ に $y = 750$ を代入して

$$750 = 75x \qquad x = 10$$

よって，姉は出発してから 10 分後に駅に着く。

次に，妹が進んだ道のりの式 $y = 50x$ に $x = 10$ を代入して $y = 50 \times 10 = 500$

よって，妹は出発してから 10 分後に家から 500 m の地点にいるから，駅までは

$750 - 500 = 250 \text{ (m)}$ の地点にいる。

別解 次のように考えてもよい。

グラフから，姉は 10 分後に駅に着き，妹はその

21

とき家から 500 m の地点にいることを読みとって，
$750-500=250$ (m) を導いてもよい。

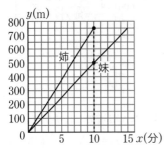

❼ (1)①のグラフは $(2, 3)$ を通る。

$y=ax$ に $x=2$，$y=3$ を代入して

$$3=a\times 2 \qquad a=\frac{3}{2}$$

②のグラフも $(2, 3)$ を通る。

$y=\dfrac{b}{x}$ に $x=2$，$y=3$ を代入して

$$3=\frac{b}{2} \qquad b=6$$

(2)②のグラフの式は $y=\dfrac{6}{x}$

x にグラフ上の 1 から 6，-1 から -6 の整数を
代入し，y も整数になる点を見つける。
点 $(1, 6)$，$(2, 3)$，$(3, 2)$，$(6, 1)$，$(-1, -6)$，
$(-2, -3)$，$(-3, -2)$，$(-6, -1)$ の 8 つ。

5 章　平面図形

1 節　図形の移動

p.39-40　Step ❷

❶ (1)
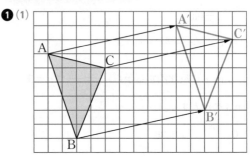

(2) $AB=A'B'$，$AB /\!/ A'B'$

解き方 (1)平行移動では，対応する点を結ぶ線分は
平行で，その長さは等しい。

①点 B，C から，矢印に平行で長さが等しい線分を
　ひく。

②それぞれの線分の端を点 A'，B'，C' として結ぶ。

(2)平行移動では，対応する線分は平行で，その長さ
は等しい。

❷
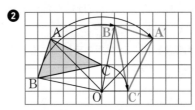

解き方 回転移動では，対応する点は回転の中心か
ら等しい距離にあり，対応する点と回転の中心を結
んでできる角の大きさはすべて等しい。

①回転の中心 O と，点 A，B，C のそれぞれを結ぶ
　線分をひく。

②$OA=OA'$，$\angle AOA'=90°$

　$OB=OB'$，$\angle BOB'=90°$

　$OC=OC'$，$\angle COC'=90°$

　となるように，A'，B'，C' をとる。

③点 A'，B'，C' を結ぶ。

❸ (1)$BQ\perp\ell$　　　　　　　(2)$CR=2CM$

解き方 対称移動では，対応する点を結ぶ線分は，
対称の軸によって垂直に 2 等分される。

(1) 線分 BQ と直線 ℓ が垂直であることを，記号 ⊥ を使って，BQ⊥ℓ と書く。

(2) 線分を 2 等分する点を，その線分の中点という。線分の中点を通り，その線分に垂直な直線を，その線分の垂直二等分線という。

線分 CR は直線 ℓ によって 2 等分されるから，CM＝RM である。

線分 CR は，線分 CM の 2 倍の長さであるから，CR＝2CM

または，線分 CM は，線分 CR の半分の長さであるから，$\frac{1}{2}$ CR＝CM でもよい。

❹ (1)

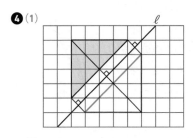

(2)

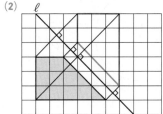

解き方 ①それぞれの頂点から，直線 ℓ に垂線をひき，頂点から直線 ℓ までの距離が等しくなる点を反対側にとる。

②それぞれの点を結ぶ。

❺ 平行移動と対称移動

解き方 ①，②のように移動させている。

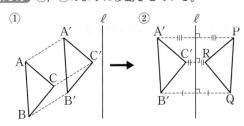

①△ABC を △A′B′C′ の位置に平行移動させている。

②△A′B′C′ を，ℓ を対称の軸として △PQR の位置に対称移動させている。

❻ (1) △BPO，△CQO，△DRO，△ASO

(2) △BQO，△CRO，△DSO

解き方 (1) 対称の軸がどの線分になるかを考える。

対称の軸が線分 PR のとき，△BPO と重ね合わせることができる。

同じようにして，対称の軸が線分 BD，SQ，AC のとき，△CQO，△DRO，△ASO と重ね合わせることができる。

(2) 点 O を回転の中心として，反時計回りに 90°，180°，270°回転させたときを考える。

90°回転させると，△BQO と重ね合わせることができる。

同じようにして，180°，270°回転させると，△CRO，△DSO と重ね合わせることができる。

2 節 基本の作図

3 節 おうぎ形

p.42-43 **Step ❷**

❶

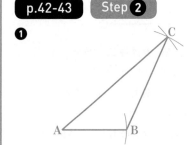

解き方 コンパスを使って，線分の長さをうつしとる。作図のときにかいた線は消さない。

①コンパスで線分 AB の長さをうつしとり，線分 AB をひく。

②コンパスで線分 BC の長さをうつしとり，点 B を中心として，線分 BC の長さを半径とする円をかく。

③コンパスで線分 CA の長さをうつしとり，点 A を中心として，線分 CA の長さを半径とする円をかく。

④②と③の円の交点を点 C として，点 C と点 A，B を結ぶ。

※以下の作図例では，解答の説明の都合により，問題以外の文字(P，Q などの記号)を記してあるが，問題に指示がないかぎり，それらを記す必要はない。

❷(1) 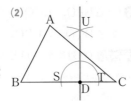 (2)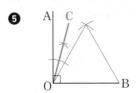

同じようにして，∠A，∠C の二等分線も作図する。
∠A，∠B，∠C の二等分線は 1 点で交わる。

❺

[解き方] (1)点 A を中心として辺 BC に交わる円をか
き，辺 BC との交点を P，Q とする。
P，Q を中心として等しい半径の円をかき，その交点
の 1 つを R として，半直線 AR をひく。
(2)点 D を中心として，辺 BC に交わる円をかき，辺
BC との交点を S，T とする。
S，T を中心として等しい半径の円をかき，その交点
の 1 つを U として，直線 DU をひく。

[解き方] 正三角形 DOB と，∠AOD の二等分線 OC
をかく。
正三角形の 1 つの内角は 60°であるから
　　∠DOB＝60°，∠COD＝(90°－60°)÷2＝15°，
　　∠COB＝60°＋15°＝75°
次の順序でかけばよい。
①点 O と点 B を中心として，
　線分 OB の長さの半径の円を
　かき，その交点を D とする。
② ∠AOD の二等分線をかく。

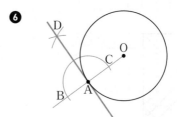

❸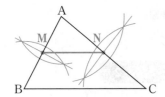

[解き方] 辺 AB，辺 AC の垂直二等分線を作図し，
それぞれの辺との交点を中点 M，N とする。
頂点 A，B を中心として等しい半径の円をかき，そ
の交点を通る直線をひく。
辺 AB と辺 AB の垂直二等分線の交点を M とする。
同じようにして，辺 AC の中点 N を作図し，M と N
を結ぶ。

❻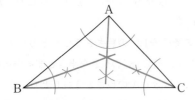

[解き方] 点 A を通り，半径 OA に垂直な直線を作図
する。
次の順序でかけばよい。
①半直線 OA をひく。
②A を中心として円をかき，半直線 OA との 2 つの
　交点を B，C とする。
③B，C を中心として等しい半径の円をかき，交点の
　1 つを D とする。
④直線 AD をひくと，円 O の接線になる。

❹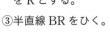

[解き方] ∠B の二等分線の作図は，
①頂点 B を中心とする円を
　かき，角の 2 辺との交点を
　P，Q とする。
②P，Q を中心として等しい
　半径の円をかき，その交点
　を R とする。
③半直線 BR をひく。

❼(1)

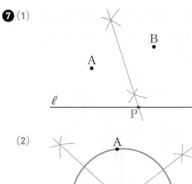

(2)

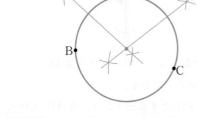

解き方 2点 A，B からの距離が等しい点は，線分 AB の垂直二等分線上にある。

(1) 2点 A，B からの距離が等しい ℓ 上の点が P であるから，線分 AB の垂直二等分線と ℓ との交点を求めればよい。

点 P を中心とし，2点 A と B を通る円は次の図のようになる。

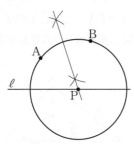

(2) 線分 AB の垂直二等分線と，線分 AC の垂直二等分線との交点を円の中心として，円をかく。線分 BC の垂直二等分線と組み合わせて作図してもよい。

❽(1) 5π cm　　　　(2) 15π cm²

解き方 半径 r，中心角 a° のおうぎ形の弧の長さを ℓ，面積を S とすると

$\ell = 2\pi r \times \dfrac{a}{360}$, $S = \pi r^2 \times \dfrac{a}{360}$ である。

半径 6 cm，中心角 150° のおうぎ形である。

(1) 弧の長さは　$2 \times \pi \times 6 \times \dfrac{150}{360} = 5\pi$ (cm)

(2) 面積は　$\pi \times 6^2 \times \dfrac{150}{360} = 15\pi$ (cm²)

---

p.44-45　**Step 3**

❶

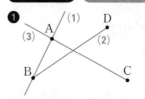

❷(1)

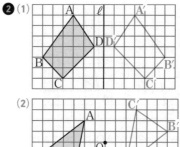

(2)

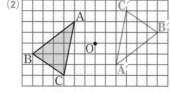

❸(1) 線分 DH　(2) 135°　(3) 270°

❹(1)　　　　　　　　　　(2)

❺

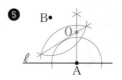

❻(1) $\dfrac{40}{3}\pi$ cm　(2) 80π cm²

解き方

❶(1) 2点 A，B を通る直線をかく。

(2) 直線 DB のうち，D から B までの部分が線分 DB である。

(3) 線分 CA を A のほうへまっすぐにのばす。

❷(1) それぞれの頂点から，直線 ℓ に垂線をひき，頂点から直線 ℓ までの距離が等しくなる点を反対側にとり，各点を結ぶ。

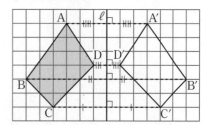

(2) 回転の中心 O と，点 A，B，C をそれぞれ結ぶ線分をひく。

OA＝OA′，∠AOA′＝180°，

OB＝OB′，∠BOB′＝180°，

OC＝OC′，∠COC′＝180°

となるように，A′，B′，C′ をとり，3 点を結ぶ。

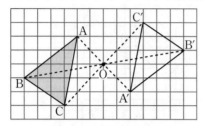

❸ (1) 正八角形であるから，∠AOB の大きさは

360°÷8＝45°

よって　∠HOB＝90°

線分 BF の垂直二等分線は，線分 DH である。

よって，対称の軸は線分 DH である。（線分 OH でもよい。）

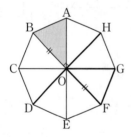

(2) ∠COD＝45°

△CDO を △FGO に重ね合わせるには，二等辺三角形の 45° の角 3 つ分回転させるから

45°×3＝135°

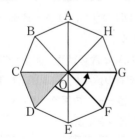

(3) △CDO を △EFO に重ね合わせるには，二等辺三角形の 45° の角 6 つ分回転させるから

45°×6＝270°

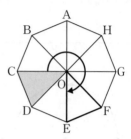

❹ (1) ∠B の二等分線と，頂点 A から辺 BC への垂線との交点が点 P である。

① 頂点 B を中心とする円をかき，辺 AB，CB との交点を X，Y とする。

② X，Y を中心として等しい半径の円をかき，その交点を Z とする。

③ 半直線 BZ をひく。

④ 点 A を中心として辺 BC に交わる円をかき，辺 BC との交点を S，T とする。

⑤ S，T を中心として等しい半径の円をかき，その交点の 1 つを U として，半直線 AU をひく。

⑥ 半直線 BZ と半直線 AU の交点が求める P である。

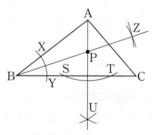

(2) 線分 AC の垂直二等分線が，頂点 A が頂点 C に重なるように折ったときの折り目である。

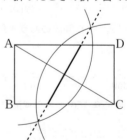

❺ 円の接線は，接点を通る半径に垂直であるから，円の中心 O は，点 A を通り，直線 ℓ に垂直な直線上にある。

また，円は点 A と点 B を通るから，半径より，OA＝OB である。

よって，中心 O は線分 AB の垂直二等分線上にある。

以上の 2 つの直線の交点が，円の中心 O である。

①点 A を中心とする円をかき，直線 ℓ との交点を P，Q とする。

②P，Q を中心として等しい半径の円をかき，その交点の 1 つを R とする。

③半直線 AR をひく。

④点 A，点 B を中心として等しい半径の円をかき，その交点を X，Y とする。

⑤直線 XY をひく。

⑥半直線 AR と直線 XY の交点が求める O である。

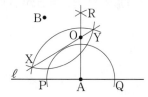

❻ 半径 12 cm，中心角 200°のおうぎ形である。

(1) 弧の長さは　$2 \times \pi \times 12 \times \dfrac{200}{360} = \dfrac{40}{3}\pi$ (cm)

(2) 面積は　$\pi \times 12^2 \times \dfrac{200}{360} = 80\pi$ (cm²)

6 章 空間図形

1 節 いろいろな立体
2 節 立体の見方と調べ方

p.47-48　**Step 2**

❶ (1) ① ⑦，⑦　　② ⑨，⑦
　　③ ⑦　　　　　④ ⑦

(2)

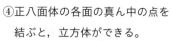
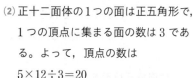

	面の形	面の数	辺の数	頂点の数
正四面体	正三角形	4	6	4
正八面体	正三角形	8	12	6
正十二面体	正五角形	12	30	20

[解き方] 平面だけで囲まれた立体を多面体という。このうち，次の 2 つの性質をもち，へこみのないものを正多面体という。

① どの面もすべて合同な正多角形である。

② どの頂点にも面が同じ数だけ集まっている。

正多面体には，正四面体，正六面体(立方体)，正八面体，正十二面体，正二十面体の 5 種類がある。

(1) ①平面だけで囲まれた立体かどうか考える。

④正八面体の各面の真ん中の点を結ぶと，立方体ができる。

(2) 正十二面体の 1 つの面は正五角形で，1 つの頂点に集まる面の数は 3 である。よって，頂点の数は

5×12÷3＝20

(面の数)－(辺の数)＋(頂点の数)＝2

が成り立つ。

❷ (1) 面 AEHD，BFGC

(2) 辺 EF，FG，GH，HE

(3) 辺 AD，AE，CD，CG，EF，FG

[解き方] (1) 辺 AB と，頂点 A で垂直に交わる辺 AE，AD をふくむ面と，辺 AB と，頂点 B で垂直に交わる辺 BF，BC をふくむ面を考える。

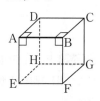

(2) 面 ABCD 上になく，面 ABCD と交わらない辺を考える。

（3）対角線 BH と平行な辺はない。対角線 BH と交わらない辺が，対角線 BH とねじれの位置にある辺である。（図のように，対角線 BH と交わっている辺に印をつけて消去していく。）

❸（1）$\ell \parallel m$　　　　（2）線分 AC

解き方 （1）平行な 2 平面に，別の平面が交わってできる 2 つの交線は平行になる。

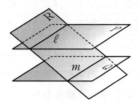

（2）2 平面が平行であるとき，一方の平面上の点から他方の平面上にひいた垂線の長さが，2 平面の距離になる。

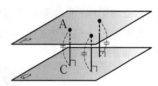

❹（1）⑦，㋐　　　　（2）㋒，㋓，㋔

解き方 （1）⑦は五角形を，㋐は円を，それぞれその面と垂直な方向に移動させてできた立体と考えることができる。

（2）㋒は半円を，㋓は直角三角形を，㋔は長方形を，それぞれ回転させてできた立体と考えることができる。

❺（1）

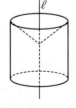

（2）

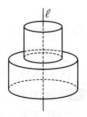

解き方 円柱や円錐は，それぞれ長方形や直角三角形を空間で回転させてできた立体と考えることができる。

直線 ℓ について線対称な図形を考え，立体の見取図をかく。線対称な図形は次の図のようになる。

（1）

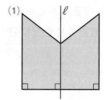

（2）

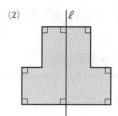

❻ 120°

解き方 側面の展開図は半径 6 cm のおうぎ形で，その弧の長さは底面の半径 2 cm の円の周の長さに等しい。

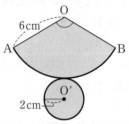

側面になるおうぎ形の $\overset{\frown}{AB}$ は，底面の円 O′ の円周に等しいから

$2\pi \times 2 = 4\pi$ (cm)

いっぽう，円 O の円周は

$2\pi \times 6 = 12\pi$ (cm)

$\overset{\frown}{AB}$ は円 O の円周の $\dfrac{4\pi}{12\pi}$ すなわち $\dfrac{1}{3}$

おうぎ形の弧の長さは中心角に比例するから，求める中心角は，次のようになる。

$360° \times \dfrac{1}{3} = 120°$

別解 次のように考えてもよい。

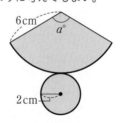

おうぎ形の中心角を $a°$ とすると

$2\pi \times 6 \times \dfrac{a}{360} = 2\pi \times 2$

$\dfrac{a}{30} = 4$

$a = 120$

よって，中心角は　120°

❼ (1) 三角錐　　　(2) 円柱　　　　(3) 半球

解き方 平面図と立面図から，どの位置に，どのように置いているかを考える。

五角柱，三角錐，円柱，半球の見取図を考えてみる。

(1)の三角錐の見取図は，次のようになる。

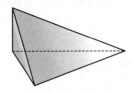

3 節　立体の体積と表面積

p.50-51　Step ❷

❶ (1) 63π cm^3　　　　　　(2) 240 cm^3

　 (3) 400 cm^3　　　　　　(4) 12π cm^3

解き方 (1) 体積は　$\pi\times3^2\times7=63\pi$ (cm^3)

(2) 底面積は　2 つの三角形の面積の和になる。

体積は

$$\left(\frac{1}{2}\times10\times3+\frac{1}{2}\times10\times5\right)\times6$$

$$=40\times6$$

$$=240 (\text{cm}^3)$$

(3) 底面の 1 辺が 10 cm，高さが 12 cm の正四角錐である。

体積は　$\dfrac{1}{3}\times10\times10\times12=400$ (cm^3)

(4) 体積は　$\dfrac{1}{3}\times\pi\times3^2\times4=12\pi$ (cm^3)

❷ (1) 550π cm^3　　　　　　(2) $\dfrac{128}{3}\pi$ cm^3

解き方 回転させてできる立体は，直線 ℓ を対称の軸とする線対称な図形を考える。

(1)

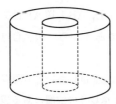

底面の円の半径が 8 cm の円柱から底面の円の半径が 3 cm の円柱をのぞいた立体になる。

体積は

$$\pi\times8^2\times10-\pi\times3^2\times10$$

$$=640\pi-90\pi$$

$$=550\pi \text{ (cm}^3)$$

(2) 底面の半径が 4 cm，高さが 8 cm の円錐になる。

体積は

$$\frac{1}{3}\times\pi\times4^2\times8=\frac{128}{3}\pi \text{ (cm}^3)$$

❸ (1) 72 cm^2　　　　　　　(2) 20π cm^2

　 (3) 210 cm^2　　　　　　(4) 96 cm^2

解き方 (1) 側面積は　$5\times(5+4+3)=60$ (cm^2)

底面積は　$\dfrac{1}{2}\times4\times3=6$ (cm^2)

表面積は　$60+6\times2=72$ (cm^2)

(2) 側面積は　$3\times2\pi\times2=12\pi$ (cm^2)

底面積は　$\pi\times2^2=4\pi$ (cm^2)

表面積は　$12\pi+4\pi\times2=20\pi$ (cm^2)

(3) 側面積は　$10\times(3+3+5+7)=180$ (cm^2)

底面積は　$\dfrac{1}{2}\times(3+7)\times3=15$ (cm^2)

表面積は　$180+15\times2=210$ (cm^2)

(4) 側面積は　$\dfrac{1}{2}\times6\times5\times4=60$ (cm^2)

底面積は　$6\times6=36$ (cm^2)

表面積は　$60+36=96$ (cm^2)

❹ (1) 20π cm^2　　　　　　(2) 16π cm^2

　 (3) 36π cm^2

解き方 側面の展開図は半径 5 cm のおうぎ形で，その弧の長さは底面の半径 4 cm の円の周の長さに等しい。

側面になるおうぎ形の $\overset{\frown}{AB}$ は，

底面の円 O′ の円周に等しいから

$$2\pi\times4=8\pi \text{ (cm)}$$

いっぽう，円 O の円周は

$$2\pi\times5=10\pi \text{ (cm)}$$

$\overset{\frown}{AB}$ は，円 O の円周の $\dfrac{8\pi}{10\pi}$ である。

(1) 側面になるおうぎ形の中心角は

$$360° \times \frac{8\pi}{10\pi} = 288°$$

側面積は

$$\pi \times 5^2 \times \frac{288}{360} = 20\pi \ (\text{cm}^2)$$

(2) 底面積は $\pi \times 4^2 = 16\pi \ (\text{cm}^2)$

(3) 表面積は $20\pi + 16\pi = 36\pi \ (\text{cm}^2)$

❺ $200\pi \ \text{cm}^2$

解き方 ローラー1回転で塗ることのできる面積は,
ローラーの円柱の側面積に等しい。
円柱の側面積は(高さ)×(円周)であるから

$$20 \times 2\pi \times 5 = 200\pi \ (\text{cm}^2)$$

❻ (1) 体積 $972\pi \ \text{cm}^3$, 表面積 $324\pi \ \text{cm}^2$

(2) 体積 $18\pi \ \text{cm}^3$, 表面積 $27\pi \ \text{cm}^2$

(3) 体積 $\frac{128}{3}\pi \ \text{cm}^3$, 表面積 $48\pi \ \text{cm}^2$

解き方 半径 r の球の体積を V, 表面積を S とすると

$$V = \frac{4}{3}\pi r^3, \quad S = 4\pi r^2$$

(1) 体積は $\frac{4}{3}\pi \times 9^3 = 972\pi \ (\text{cm}^3)$

表面積は $4\pi \times 9^2 = 324\pi \ (\text{cm}^2)$

(2) 体積は $\frac{1}{2} \times \frac{4}{3}\pi \times 3^3 = 18\pi \ (\text{cm}^3)$

表面積は $\frac{1}{2} \times 4\pi \times 3^2 = 18\pi \ (\text{cm}^2)$

$\pi \times 3^2 = 9\pi \ (\text{cm}^2)$

$18\pi + 9\pi = 27\pi \ (\text{cm}^2)$

(3) 問題の図のおうぎ形を, AO を軸として回転させ
ると, 半径 4 cm の半球ができる。

体積は $\frac{1}{2} \times \frac{4}{3}\pi \times 4^3 = \frac{128}{3}\pi \ (\text{cm}^3)$

表面積は $\frac{1}{2} \times 4\pi \times 4^2 = 32\pi \ (\text{cm}^2)$

$\pi \times 4^2 = 16\pi \ (\text{cm}^2)$

$32\pi + 16\pi = 48\pi \ (\text{cm}^2)$

---

p.52-53 Step ❸

❶ (1) 面 BFGC (2) 辺 BC, EH, FG

(3) 辺 AE, BF, CG, DH

(4) 辺 AD, CD, EH, GH

(5) 辺 AB, AE, BC, CG, EH, GH

❷ (1)①②

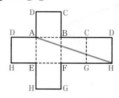

(2)①点 G ②辺 CB

❸ (1) 立体 三角柱, 体積 $56 \ \text{cm}^3$

(2) 立体 正四角錐, 体積 $4 \ \text{cm}^3$

(3) 立体 円錐, 体積 $\frac{250}{3}\pi \ \text{cm}^3$

❹ (1) $210 \ \text{cm}^2$ (2) $\frac{33}{4}\pi \ \text{cm}^2$

(3) 体積 $\frac{500}{3}\pi \ \text{cm}^3$, 表面積 $100\pi \ \text{cm}^2$

(4) $3 : 1$

❺ (1) $42\pi \ \text{cm}^2$ (2) $39\pi \ \text{cm}^3$

❻ (1) $\frac{184}{3} \ \text{cm}^3$ (2)

解き方

❶ (1) 面 AEHD と交わらないの
は, 面 BFGC である。

(2) 辺 AD と平行なのは, 辺 BC,
EH, FG である。

(3) 点 A において, 面 ABCD
上にある辺 AD, AB と辺 AE は交わり, AE⊥AD,
AE⊥AB であるから, 辺 AE は面 ABCD と垂
直である。

点 B, 点 C, 点 D においても同様に考える。

(4) 辺 BF とねじれの位置にある辺は, 辺 BF と平
行でなく, 交わらない辺である。

辺 BF と平行な辺は, 辺 AE, CG, DH

辺 BF と交わる辺は, 辺 AB, BC, EF, FG

したがって，この7つ以外の辺を答える。

(5) 対角線 DF とねじれの位置にある辺は，対角線 DF と平行でなく，交わらない辺である。

❷(1) ②辺 BF，CG のどちらも通るように，A と H を直線で結ぶ。

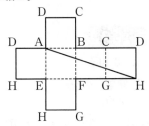

(2) 展開図の正八面体を組み立てると，右の図のようになる。

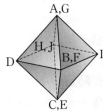

❸(1) 底面が直角二等辺三角形の三角柱である。

体積は $\frac{1}{2} \times 4 \times 4 \times 7 = 56$ (cm³)

(2) 底面が正方形の正四角錐である。

体積は $\frac{1}{3} \times 2 \times 2 \times 3 = 4$ (cm³)

(3) 底面が半径5 cm の円錐である。

体積は $\frac{1}{3} \times \pi \times 5^2 \times 10 = \frac{250}{3} \pi$ (cm³)

❹(1) 表面積 $8 \times 5 \times 4 + 5 \times 5 \times 2 = 210$ (cm²)

(2) 側面になるおうぎ形の弧の長さは，底面の円の円周に等しい。

側面積は $\pi \times 4^2 \times \frac{3\pi}{8\pi} = 6\pi$ (cm²)

底面の半径は $3\pi \div 2\pi = \frac{3}{2}$ (cm)

底面積は $\pi \times \left(\frac{3}{2}\right)^2 = \frac{9}{4} \pi$ (cm²)

よって，表面積は $6\pi + \frac{9}{4}\pi = \frac{33}{4}\pi$ (cm²)

別解 側面になるおうぎ形の中心角を $a°$ とし，

$2\pi \times 4 \times \frac{a}{360} = 3\pi$，$a = 135$ と考えてもよい。

(3) 体積は $\frac{4}{3}\pi \times 5^3 = \frac{500}{3}\pi$ (cm³)

表面積は $4\pi \times 5^2 = 100\pi$ (cm²)

(4) 円柱の体積は $\pi \times 3^2 \times 6 = 54\pi$ (cm³)

半球の体積は $\frac{1}{2} \times \frac{4}{3}\pi \times 3^3 = 18\pi$ (cm³)

よって $54\pi : 18\pi = 3 : 1$

❺ 底面が半径3 cm の円である，高さ4 cm の円錐と，高さ3 cm の円柱が重なった立体になる。

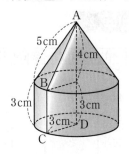

(1) $360° \times \frac{6\pi}{10\pi} = 216°$

より，円錐の側面積は

$\pi \times 5^2 \times \frac{216}{360} = 15\pi$ (cm²)

円柱の側面積は $3 \times 2\pi \times 3 = 18\pi$ (cm²)

立体の底面積は $\pi \times 3^2 = 9\pi$ (cm²)

よって，表面積は

$15\pi + 18\pi + 9\pi = 42\pi$ (cm²)

(2) 円錐の体積は $\frac{1}{3} \times 9\pi \times 4 = 12\pi$ (cm³)

円柱の体積は $9\pi \times 3 = 27\pi$ (cm³)

よって，体積は $12\pi + 27\pi = 39\pi$ (cm³)

❻(1) 体積は，立方体の体積から，△MBF を底面とする三角錐の体積をのぞいたものである。

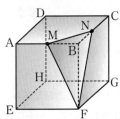

三角錐の体積は

$\frac{1}{3} \times \frac{1}{2} \times 4 \times 2 \times 2 = \frac{8}{3}$ (cm³)

立方体の体積は $4 \times 4 \times 4 = 64$ (cm³)

よって $64 - \frac{8}{3} = \frac{184}{3}$ (cm³)

7章 データの分析と活用

1節 データの整理と分析

2節 データの活用

3節 ことがらの起こりやすさ

p.55 **Step 2**

❶(1)

記録(cm)	度数(人)	累積度数(人)
以上 未満		
36～40	2	2
40～44	3	5
44～48	6	11
48～52	5	16
52～56	3	19
56～60	1	20
合計	20	

(2) 0.25   (3) 0.55

解き方 (1) 累積度数は，各階級について，最初の階級からその階級までの度数を合計したものである。

(2) $(相対度数)＝\dfrac{(その階級の度数)}{(度数の合計)}$ より

$5÷20＝0.25$

(3) 累積相対度数は，各階級について，最初の階級からその階級までの相対度数を合計したものである。この問題では累積度数がわかっているので，それを利用する。44 cm 以上 48 cm 未満の階級の累積度数は 11 であるから，累積相対度数は

$11÷20＝0.55$

❷(1) 3点   (2) 2点

(3) 2.68 点

解き方 (1) 全体の人数は

$1＋3＋8＋6＋5＋2＝25(人)$

よって，中央値は 13 番目の値である。

13 番目の値は 3 であるから，中央値は 3 点。

(2) 人数のもっとも多い階級は 2 点の階級であるから，最頻値は 2 点。

(3) 平均値を求めるには，個々のデータの値の合計をデータの総数でわればよい。

データの値の合計は

$0×1＋1×3＋2×8＋3×6＋4×5＋5×2$
$＝67(点)$

よって，平均値は　$67÷25＝2.68(点)$

❸ 0.34

解き方 表の出る確率は，1800 回投げたときと 2500 回投げたときで等しいと考える。

1800 回投げたとき，表が 612 回出たので，表が出る確率は　$612÷1800＝0.34$

p.56 **Step 3**

❶(1) 3.5 回　(2) 3.4 回

❷(1) 0.06　(2) 解き方参照

(3) 28 個　(4) 0.30

(5) 農家 B の方が農家 A よりも重い卵の割合が大きい。

❸ 0.47

解き方

❶(1) 全体の人数は 18 人であるから，中央値は 9 番目と 10 番目の値の平均値である。

9 番目の値は 3 回，10 番目の値は 4 回であるから，中央値は　$(3＋4)÷2＝3.5(回)$

(2) 入った回数の合計は

$1×1＋2×3＋3×5＋4×6＋5×3＝61(回)$

よって，平均値は　$61÷18＝3.38…(回)$

小数第 2 位を四捨五入して　3.4 回

❷(1) ⑦ $(相対度数)＝\dfrac{(その階級の度数)}{(度数の合計)}$ より

$3÷50＝0.06$

(2)

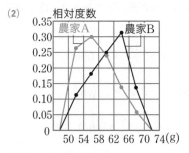

(3) $13＋15＝28(個)$

(4) $0.12＋0.18＝0.30$

❸ 2000 回投げて表が出た回数は

$2000×0.53＝1060(回)$

裏が出た回数　$2000－1060＝940(回)$

よって，裏が出る確率は

$940÷2000＝0.47$

テスト前 ☑ やることチェック表

① まずはテストの目標をたてよう。頑張ったら達成できそうなちょっと上のレベルを目指そう。
② 次にやることを書こう（「ズバリ英語〇ページ，数学〇ページ」など）。
③ やり終えたら□に✔を入れよう。
　最初に完ぺきな計画をたてる必要はなく，まずは数日分の計画をつくって，
　その後追加・修正していっても良いね。

目標

	日付	やること1	やること2
2週間前	／	☐	☐
	／	☐	☐
	／	☐	☐
	／	☐	☐
	／	☐	☐
	／	☐	☐
	／	☐	☐
1週間前	／	☐	☐
	／	☐	☐
	／	☐	☐
	／	☐	☐
	／	☐	☐
	／	☐	☐
	／	☐	☐
テスト期間	／	☐	☐
	／	☐	☐
	／	☐	☐
	／	☐	☐
	／	☐	☐

テスト前 ☑ やることチェック表

① まずはテストの目標をたてよう。頑張ったら達成できそうなちょっと上のレベルを目指そう。
② 次にやることを書こう（「ズバリ英語〇ページ，数学〇ページ」など）。
③ やり終えたら□に✔を入れよう。
　最初に完ぺきな計画をたてる必要はなく，まずは数日分の計画をつくって，
　その後追加・修正していっても良いね。

目標

	日付	やること1	やること2
2週間前	／	☐	☐
	／	☐	☐
	／	☐	☐
	／	☐	☐
	／	☐	☐
	／	☐	☐
	／	☐	☐
1週間前	／	☐	☐
	／	☐	☐
	／	☐	☐
	／	☐	☐
	／	☐	☐
	／	☐	☐
	／	☐	☐
テスト期間	／	☐	☐
	／	☐	☐
	／	☐	☐
	／	☐	☐
	／	☐	☐

数学1年 東京書籍版

ズバリよくでる直前 チェックBOOK

- テストに**ズバリよくでる**!
- **用語・公式や例題**を掲載!

数学

東京書籍版

1年

赤シートで何度でも!

教 p.18〜25

1 符号のついた数

□ +3 や +9 のような数を 正の数 といい，＋を 正 の符号という。

−2 や −5 のような数を 負の数 といい，−を 負 の符号という。

0 は，正でも負でもない数である。

□

整数

……，−3，−2，−1，0，1，2，3，……

負 の整数　　正の整数（ 自然数 ）

2 反対の性質をもつ量

□ たがいに反対の性質をもつと考えられる量は，正の数， 負の数

を使って表すことができる。

|例| 300 円の利益を +300 円と表すとき，200 円の損失は

−200 円と表すことができる。

3 絶対値

□ 数直線上で，ある数に対応する点と原点との距離を，その数の

絶対値 という。

|例| +5 の絶対値は 5 ，−3 の絶対値は 3 ，0 の絶対値は 0

4 重要 数の大小

□ 正の数は 0 より 大きく ，絶対値が大きいほど 大きい 。

□ 負の数は 0 より 小さく ，絶対値が大きいほど 小さい 。

1 正負の数の加法

□❶同符号の 2 つの数の和

絶対値の 和 に 共通 の符号をつける。

□❷異符号の 2 つの数の和

絶対値 の大きいほうから小さいほうをひき，絶対値の

大きい ほうの符号をつける。

絶対値が等しければ，和は 0 である。

2 正負の数の減法

□正の数，負の数をひくことは，その数の 符号 を変えて加えることと同じである。

3 正負の数の乗法，除法

2 つの数の積・商を求めるには，

□❶同符号の数では，絶対値の積・商に 正 の符号をつける。

□❷異符号の数では，絶対値の積・商に 負 の符号をつける。

□積の符号は，

負の数が奇数個あれば $-$

負の数が偶数個あれば $+$

□同じ数をいくつかかけたものを，その数の 累乗 といい，右かたに小さく書いた数を 指数 という。

4 四則の混じった計算

□加減と乗除の混じった計算では， 乗除 を先に計算する。

□かっこのある式の計算では， かっこの中 を先に計算する。

□累乗のある式の計算では， 累乗 を先に計算する。

教 p.62〜72

1 重要 文字式の表し方

□乗法では，記号×を はぶく 。

|例| $a \times b =$ ab ←ふつうはアルファベット順に書く。

□文字と数の積では，数を文字の 前 に書く。

|例| $x \times 2 =$ $2x$

□同じ文字の積は，累乗の 指数 を使って表す。

|例| $x \times x =$ x^2

□除法では，記号÷を使わずに， 分数 の形で書く。

|例| $x \div 3 =$ $\dfrac{x}{3}$ ← $\dfrac{1}{3}x$ のように書くこともできる。

2 いろいろな数量の表し方

□円周率は π と表す。

π は，決まった1つの数を表す文字であるから，積のなかでは，ふつう数の あと ，その他の文字の 前 に書く。

|例| 半径 r cm の円の円周は $2\pi r$ cm，面積は πr^2 cm²

3 式の値

□式のなかの文字を数におきかえることを，文字にその数を 代入 するといい，代入して計算した結果を，そのときの 式の値 という。

|例| $x = -2$ のとき，$5 + x$ の値は

$5 + x = 5 + (-2) = 5 -$ 2 $=$ 3

4

1 項をまとめる

□ 文字の部分が同じ項は，$mx+nx=\boxed{(m+n)x}$ と，1つの項にまとめ，簡単にすることができる。

例 $3a-2-2a+1=3a-\boxed{2a}-2+1$

$\qquad\qquad\qquad =(3-2)a+(-2+1)$

$\qquad\qquad\qquad =\boxed{a-1}$　　← a と -1 はまとめられない。

2 1次式の加法，減法

□ $a+(b-c)=a\boxed{+}b\boxed{-}c$

□ $a-(b-c)=a\boxed{-}b\boxed{+}c$

3 重要 1次式と数の乗法，除法

□ 項が2つ以上の式に数をかけたり，数でわったりするには，

$$a(b+c)=\boxed{ab+ac}\qquad (a+b)\div c=(a+b)\times\boxed{\dfrac{1}{c}}$$

などを使って計算する。

4 関係を表す式

□ a と b は等しい　……　$a\boxed{=}b$　$\Big\}$ 等式

□ a は b より大きい……　$a\boxed{>}b$

□ a は b より小さい……　$a\boxed{<}b$

（a は b 未満である）

□ a は b 以上である……　$a\boxed{\geqq}b$

□ a は b 以下である……　$a\boxed{\leqq}b$

$\left.\begin{array}{c}\\\\\\\\\\\end{array}\right\}$ 不等式

1 重要 等式の性質

□❶等式の両辺に同じ数や式を加えても，等式は成り立つ。

$$A=B \quad ならば \quad A+C=\boxed{B+C}$$

□❷等式の両辺から同じ数や式をひいても，等式は成り立つ。

$$A=B \quad ならば \quad A-C=\boxed{B-C}$$

□❸等式の両辺に同じ数をかけても，等式は成り立つ。

$$A=B \quad ならば \quad AC=\boxed{BC}$$

□❹等式の両辺を 0 でない同じ数でわっても，等式は成り立つ。

$$A=B \quad ならば \quad \frac{A}{C}=\boxed{\dfrac{B}{C}} \ (C \neq 0)$$

2 1次方程式を解く手順

□①係数を $\boxed{整数}$ になおす。かっこがあるときは，かっこをはずす。

□②x をふくむ項を左辺に，数の項を右辺に $\boxed{移項}$ する。

□③$ax=b$ の形にする。

□④両辺を x の $\boxed{係数\ a}$ でわる。

$$
\begin{array}{ll}
|例| \quad 4x+2=3(-x+3) & ① \\
\qquad 4x+2=\boxed{-3x+9} & ② \\
4x \boxed{+} 3x=9 \boxed{-} 2 & ③ \\
\qquad\quad 7x=7 & ④ \\
\qquad\quad\ x=\boxed{1}
\end{array}
$$

3 比例式の性質

□$a:b=m:n$ ならば $\boxed{an=bm}$

6

教 p.114〜121

1 関数

□ 2つの変数 x, y があり，変数 x の値を決めると，それにともなって変数 y の値もただ 1 つに決まるとき，y は x の関数 であるという。

□ 変数のとりうる値の範囲を，その変数の 変域 という。

|例| x の変域が，2 以上 5 未満のとき　$2 \leq x < 5$

2 重要 比例

□ y が x の関数で，$y = ax (a は定数)$ で表されるとき，y は x に 比例する という。このとき，定数 a を 比例定数 という。

□ 比例の関係 $y = ax$ では，x の値が 2 倍，3 倍，4 倍，…になると，y の値も 2 倍，3 倍，4 倍，… になる。

□ y が x に比例し，$x \neq 0$ のとき，$\dfrac{y}{x}$ の値は一定で，比例定数 に等しい。

3 重要 反比例

□ y が x の関数で，$y = \dfrac{a}{x} (a は定数)$ で表されるとき，y は x に 反比例する という。このとき，定数 a を 比例定数 という。

□ 反比例の関係 $y = \dfrac{a}{x}$ では，x の値が 2 倍，3 倍，4 倍，…になると，y の値は $\dfrac{1}{2}$ 倍，$\dfrac{1}{3}$ 倍，$\dfrac{1}{4}$ 倍，… になる。

□ y が x に反比例するとき，x と y の積 xy は一定で，比例定数 に等しい。

1 座標

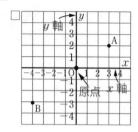

□左の図の点 A を表す数の組(3, 2)

を点 A の 座標 という。

|例| 上の図で，点 B の座標は　（ −4 ， −3 ）

2 比例のグラフ

□$y=ax$ のグラフは， 原点 を通る直線である。

□$a>0$　　　　　　　　　　$a<0$

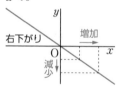

3 反比例のグラフ

□$y=\dfrac{a}{x}$ のグラフは， 双曲線 とよばれる曲線になる。

□$a>0$　　　　　　　　$a<0$

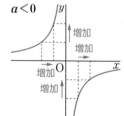

1 直線

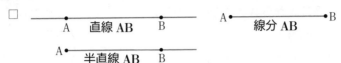

A ── 直線 AB ── B

A •── 線分 AB ──• B

A •── 半直線 AB ── B

2 図形の移動

□平行移動

対応する点を結ぶ線分は 平行 で，その
長さ は等しい。

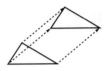

□回転移動

対応する点は 回転の中心 から等しい距離
にあり，対応する点と回転の中心を結んでで
きる 角の大きさ はすべて等しい。

□対称移動

対応する点を結ぶ線分は，対称の軸によって
垂直 に 2等分 される。

3 垂直二等分線

□2直線が垂直であるとき，一方の直線を他方
の直線の 垂線 という。

□線分を2等分する点を，その線分の 中点
といい，線分の中点を通り，その線分に垂直
な直線を 垂直二等分線 という。

教 p.165〜176

1 弧と弦

□右の図の A から B までの円周の部分を
　弧 AB といい，$\boxed{\overarc{AB}}$ と表す。

□線分 AB を $\boxed{\text{弦 AB}}$ という。

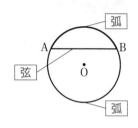

弧

弦

弧

2 重要 基本の作図

□直線上にない 1 点を通る垂線

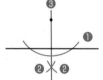

□線分の垂直二等分線

□角の二等分線

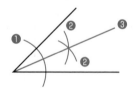

□直線上の 1 点を通る垂線

3 円の接線

□円の接線は，$\boxed{\text{接点}}$ を通る半径に
　$\boxed{\text{垂直}}$ である。

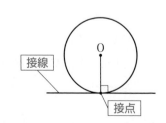

接線

接点

教 p.179〜181

1 おうぎ形

□右の図のように，2つの半径と弧で囲まれた

　図形を おうぎ形 という。

□右の図の ∠AOB を，$\overset{\frown}{AB}$ に対する

　中心角 という。

2 おうぎ形の中心角と弧の長さ，面積

□1つの円で，中心角の等しいおうぎ形の弧の長さや面積は 等しい 。

□1つの円では，おうぎ形の弧の長さや面積は，中心角に 比例 する。

3 ■重要■ おうぎ形の弧の長さと面積

□半径 r，中心角 $a°$ のおうぎ形の弧の長さを ℓ，

　面積を S とすると

$$\ell = \boxed{2\pi r \times \frac{a}{360}}$$

$$S = \pi r^2 \times \boxed{\frac{a}{360}}$$

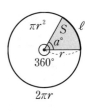

|例| 半径 6 cm，中心角 120° のおうぎ形の弧の長さと面積

（弧の長さ）　$2\pi \times 6 \times \boxed{\dfrac{120}{360}} = \boxed{4\pi}$ (cm)

（面積）　　　$\pi \times 6^2 \times \boxed{\dfrac{120}{360}} = \boxed{12\pi}$ (cm²)

教 p.188〜192

1 いろいろな立体

□平面だけで囲まれた立体を 多面体 という。

|例| 三角柱の面の数は 5 であるから，三角柱は 五面体 である。

直方体の面の数は 6 であるから，直方体は 六面体 である。

□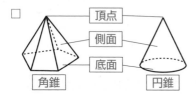

頂点

側面

底面

角錐　　　　円錐

2 正多面体

正多面体の特徴

□❶どの面もすべて合同な 正多角形 である。

□❷どの頂点にも面が 同じ 数だけ集まっている。

□

正四面体　　正六面体　　正八面体　　正十二面体　　正二十面体

□

	面の形	1つの頂点に集まる面の数	面の数	辺の数	頂点の数
正四面体	正三角形	3	4	6	4
正六面体	正方形	3	6	12	8
正八面体	正三角形	4	8	12	6
正十二面体	正五角形	3	12	30	20
正二十面体	正三角形	5	20	30	12

1 直線や平面の位置関係

□ 2つの平面の位置関係

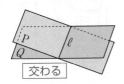

交わる

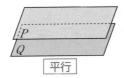

平行

□ 平面と直線の位置関係

直線は 平面上にある　　交わる　　平行

□ 2つの直線の位置関係

同じ平面上にある　　　　　同じ平面上にない

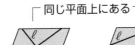

交わる　　　　　平行　　　　　ねじれの位置

交わらない

2 面の動き

□ 面を回転させてできる立体

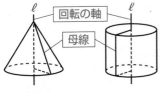

回転の軸

母線

回転体 といいます。

3 投影図

□ 立体を投影図で表すときには，平面図と 立面図 を使って表すことが多い。

三角柱の投影図

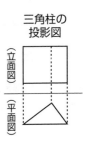

(立面図)

(平面図)

教 p.209〜217

1 角柱，円柱の体積

□角柱，円柱の底面積を S，高さを h，

体積を V とすると $V = \boxed{Sh}$

□円柱の底面の円の半径を r，高さを h，

体積を V とすると $V = \boxed{\pi r^2 h}$

2 **重要** 角錐，円錐の体積

□角錐，円錐の底面積を S，高さを h，

体積を V とすると $V = \boxed{\dfrac{1}{3} Sh}$

□円錐の底面の円の半径を r，高さを h，

体積を V とすると $V = \boxed{\dfrac{1}{3} \pi r^2 h}$

3 球の体積と表面積

□半径 r の球の体積を V，表面積を S とすると

$$V = \boxed{\dfrac{4}{3} \pi r^3}$$

$$S = \boxed{4\pi r^2}$$

|例| 半径 2 cm の球の体積と表面積

（体積） $\dfrac{4}{3}\pi \times \boxed{2}^{\,3} = \boxed{\dfrac{32}{3}\pi}$ (cm³)

（表面積） $4\pi \times \boxed{2}^{\,2} = \boxed{16\pi}$ (cm²)

教 p.222〜229

1 度数分布表

□データをいくつかの階級 に分けて整理した，右の ような表を 度数分布表 という。

□各階級について，最初の 階級からその階級までの 度数を合計したものを 累積度数 という。

通学時間

階級（分）	度数（人）	累積度数（人）
以上 未満 0 〜 5	2	2
5 〜 10	3	5
10 〜 15	6	11
15 〜 20	4	15
20 〜 25	7	22
25 〜 30	3	25
合計	25	

2 ヒストグラム

□右のような図を柱状グラフ，または ヒストグラム という。 また，右のような折れ線を 度数折れ線 という。

□ヒストグラムでは，それぞれの長方形の 面積は，階級の 度数 に比例している。

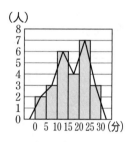

3 重要 相対度数

□（相対度数）＝ ((その階級の度数)) / ((度数の合計))

|例| 1 の度数分布表で，5 分以上 10 分未満の階級の相対度数は

$$\frac{3}{25} = 0.12$$

□各階級について，最初の階級からその階級までの相対度数を合計し たものを 累積相対度数 という。

15

1 代表値

□データの分布の特徴を調べるとき，平均値や中央値， 最頻値 などの代表値を用いることが多い。

□データの総数が偶数の場合は，中央にある2つの値の 平均値 を中央値とする。

□度数分布表では，度数のもっとも多い階級の 階級値 を最頻値とする。

□全体の分布からはずれた極端な数値があるときは， 平均値 はその値に大きく影響を受けるが， 中央値 や最頻値はあまり影響を受けない。

2 範囲

□データの値の中で，もっとも小さい値を 最小値 ，もっとも大きい値を 最大値 という。

□(範囲)=(最大値)−(最小値)

| 例 | 数学の小テストの点数が下の表のようになった。

回数	1	2	3	4	5	6	7	8	9	10
点数(点)	8	10	9	4	7	8	6	9	5	6

このとき，最大値は 10 点　　最小値は 4 点

範囲は 10 − 4 = 6 (点)

3 確率

□あることがらが起こると期待される程度を数で表したものを，そのことがらの起こる 確率 という。